Pearson

BAYESIAN METHODS FOR Hackers

Probabilistic Programming and Bayesian Inference

贝叶斯方法

概率编程与贝叶斯推断

[加] Cameron Davidson-Pilon 著

辛愿 钟黎 欧阳婷 译

余凯 岳亚丁 审校

人民邮电出版社

北京

图书在版编目（C I P）数据

贝叶斯方法 : 概率编程与贝叶斯推断 / (加) 卡梅隆 戴维森-皮隆(Cameron Davidson-Pilon)著 ; 辛愿, 钟黎, 欧阳婷译. -- 北京 : 人民邮电出版社, 2017.1(2023.12重印)
ISBN 978-7-115-43880-5

Ⅰ. ①贝… Ⅱ. ①卡… ②辛… ③钟… ④欧… Ⅲ. ①贝叶斯方法—应用—概率统计②贝叶斯推断 Ⅳ. ①0212

中国版本图书馆CIP数据核字(2016)第274840号

版权声明

◆ 著　　　[加] Cameron Davidson-Pilon
　译　　　辛　愿　钟　黎　欧阳婷
　审　校　余　凯　岳亚丁
　责任编辑　王峰松
　责任印制　焦志炜

◆ 人民邮电出版社出版发行　北京市丰台区成寿寺路 11 号
　邮编　100164　电子邮件　315@ptpress.com.cn
　网址　https://www.ptpress.com.cn
　涿州市般润文化传播有限公司印刷

◆ 开本：720×960　1/16
　印张：14.5　　2017 年 1 月第 1 版
　字数：247 千字　　2023 年 12月河北第 21 次印刷

著作权合同登记号　图字：01-2016-5335 号

定价：89.00 元

读者服务热线：(010)81055410　印装质量热线：(010)81055316
反盗版热线：(010)81055315
广告经营许可证：京东市监广登字 20170147 号

内容提要

本书基于PyMC语言以及一系列常用的Python数据分析框架，如NumPy、SciPy和Matplotlib，通过概率编程的方式，讲解了贝叶斯推断的原理和实现方法。该方法常常可以在避免引入大量数学分析的前提下，有效地解决问题。书中使用的案例往往是工作中遇到的实际问题，有趣并且实用。作者的阐述也尽量避免冗长的数学分析，而让读者可以动手解决一个个的具体问题。通过对本书的学习，读者可以对贝叶斯思维、概率编程有较为深入的了解，为将来从事机器学习、数据分析相关的工作打下基础。本书适用于机器学习、贝叶斯推断、概率编程等相关领域的从业者和爱好者，也适合普通开发人员了解贝叶斯统计而使用。

中文版推荐序

从 20 世纪 80 年代末到 90 年代，人工智能领域出现了 3 个最重要的进展：深度神经网络、贝叶斯概率图模型和统计学习理论。从 2010 年以来，由于深度神经网络在语音和图像等应用领域的巨大成功，其重要性被学术界和工业界广泛接受和推崇。相对而言，同样具有巨大实用价值的贝叶斯学习远没有受到充分的重视。在这个背景下，本书的出版对于推动贝叶斯学习和推断的实践具有非常积极的意义。本书通过浅显易懂的方式介绍了各种典型贝叶斯机器学习算法，并结合具体应用给出代码示例，无论是对于在各个公司中工作的工程师，还是从事机器学习研究的学者，在实践方面都有很强的指导价值。我个人相信，在下一个 10 年里，工程师掌握贝叶斯学习和推断，就像今天掌握 C/C++、Python 等编程语言一样重要和普遍。

原书序

贝叶斯方法是现代数据科学家运用的众多工具集中的一种，可以用来解决预测、分类、垃圾邮件检测、排序、推断等诸多问题。然而，目前大多数关于贝叶斯统计和推断的资料都注重于数学细节，而较少从更加实用的工程角度进行考虑。因此我很乐意将本书加入到丛书（Addison-Wesley 数据分析丛书）里，带给实践者一本关于贝叶斯方法的必备书籍。

Cameron（本书作者）在该主题上的知识背景，以及他对采用切实可行的例子进行实验的专注，使得本书对于想要学习贝叶斯方法的数据科学家和普通程序员来说，都是一本非常好的入门书籍。本书充满了实例、图表和可运行的 Python 代码，因此你能很容易地开始解决实际问题。如果你对数据科学、贝叶斯方法并不熟悉，或没有用 Python 执行过数据科学任务，本书将是一本帮你起步的无价之宝。

Paul Dix

丛书编辑

前言

贝叶斯方法是一种常用的推断方法，然而对读者来说它通常隐藏在乏味的数学分析章节背后。关于贝叶斯推断的书通常包含两到三章关于概率论的内容，然后才会阐述什么是贝叶斯推断。不幸的是，由于大多数贝叶斯模型在数学上难以处理，这些书只会为读者展示简单、人造的例子。这会导致贝叶斯推断给读者留下“那又如何？”的印象。实际上，这曾是我自己的先验观点。

最近贝叶斯方法在一些机器学习竞赛上取得了成功，让我决定再次研究这一主题。然而即便以我的数学功底，我也花了整整 3 天时间来阅读范例，并试图将它们汇总起来以便理解这一方法。那时并没有足够的文献将理论和实际结合起来。而让我产生理解偏差的正是由于没能将贝叶斯数学理论和概率编程实践结合起来。当然，如今读者已经无需再遭遇我当时的情景。本书就是为了填补这一空缺而编写的。

如果我们最终是要进行贝叶斯推断，那么一方面我们可以采用数学分析来实现这一目的，而另一方面，随着计算成本的下降，我们已经可以通过概率编程来完成这一任务。后一种方法更加有用，因为它避免了在每一步介入数学干预，而这也使得进行贝叶斯推断不再以通常很棘手的数学分析为前提。简而言之，后一种计算途径，是从问题起点经过小幅中间步骤到达问题终点，而前一种途径则大幅跃进，并通常最后远离目标。此外，如果没有深厚的数学功底，也根本无法完成前一种途径所需要的数学分析。

本书首先从计算和理解的角度，而后从数学分析的角度对贝叶斯推断进行了介绍。当然，作为一本入门书籍，本书将停留在入门阶段。对于受过数学训练的人来说，本书产生的疑问可通过其他偏重数学分析的书来解答。对于缺少数学背景的爱好者，或是仅对贝叶斯方法的实践而非数学理论感兴趣的读者来说，本书足以胜任且蕴含趣味。

选择 PyMC 作为概率编程语言有两方面原因。首先，在写本书之时，并没有集中的关于 PyMC 的说明和实例等资料。官方文档面向具有贝叶斯推断和概率编程背景知识的人。而我们希望本书可以鼓励各个层次的人了解 PyMC。其次，随着近来用 Python 实现科学计算框架的流行及其核心进展，PyMC 可能很快会成为核心组件之一。

PyMC 的运行需要一些依赖库，包括 NumPy 以及可选的 SciPy。为了不产生限制，本书的实例只依赖 PyMC、NumPy、SciPy 和 Matplotlib。

本书内容安排如下。第 1 章介绍贝叶斯推断方法以及与其他推断方法的比较。我们会看到第一个贝叶斯模型，并对其进行建立和训练。第 2 章以实例为重点，讲述如何用 PyMC 构建模型。第 3 章介绍计算推断背后的一个强大算法——马尔科夫链蒙特卡洛，以及一些贝叶斯模型的调试技术。在第 4 章里，我们再次回到推断的样本量问题上，并解释为何样本量大小如此重要。第 5 章介绍强大的损失函数，它将在真实世界的问题与数学推断之间建立连接。我们将在第 6 章回顾贝叶斯先验，并通过启发式的方法找到先验的更优解。最后，我们在第 7 章探索如何将贝叶斯推断用于 A/B 测试。

本书用到的所有数据集都可以从这里获得：https:// github.com/CamDavidsonPilon/Probabilistic-Programming-and- Bayesian-Methods-for-Hackers。

致　谢

谨将本书献给许多重要的人：我的父母、兄弟和我最好的朋友。此外，本书要献给开源社区，是他们每天都在为我们默默地做出贡献。

我要感谢参与到本书写作里的人们。首先要感谢的是为这本书的网络版做出贡献的人。这些作者里很多人提交的代码、思路或文章使本书得以完成。然后，我要感谢对本书进行审校的 Robert Mauriello 和 Tobi Bosede，他们牺牲自己的时间来把一些难以理解的抽象概念变得浅显易懂，并缩减内容以便更好地阅读体验。最后，我要感谢我的朋友以及同事，他们在整个过程中给与我支持。

关于作者

Cameron Davidson-Pilon，接触过数学在多个领域的应用——从基因和疾病的动态演化，到金融价格的随机模型。他对于开源社区最主要的贡献包括这本书以及 lifelines 项目。Cameron 成长于加拿大的安大略省圭尔夫市，而就读于滑铁卢大学以及莫斯科独立大学。如今他住在安大略省渥太华市，并在电商领军者 Shopify 工作。

关于译者

辛愿，浙江大学硕士毕业，腾讯公司基础研究高级工程师，舆情系统开发经理。曾在百度从事推荐系统、用户画像、数据采集等相关研究工作，拥有多项专利，组织过上海大数据技术沙龙。目前专注于文本挖掘、舆情分析、智能聊天机器人等相关领域。

钟黎，腾讯公司研究员。曾在中国科学院、微软亚洲研究院、IBM 研究院（新加坡）从事图像处理、语音处理、机器学习等相关研究工作，拥有多项专利，目前聚焦在自然语言处理、深度学习和人工智能等相关领域。

欧阳婷，华南理工大学硕士毕业，腾讯公司后台策略工程师。在电信、互联网行业参与过推荐系统、资源优化、KPI 预测、用户画像等相关项目，拥有多项专利，目前聚焦在欺诈检测、时序分析、业务安全等相关领域。

关于审校者

余凯博士，地平线机器人技术创始人、CEO，国际著名机器学习专家，中组部国家“千人计划”专家，中国人工智能学会副秘书长。余博士是前百度研究院执行院长，创建了百度深度学习研究院。他在百度所领导的团队在广告变现、搜索排序、语音识别、计算机视觉等领域做出杰出贡献，创纪录地连续三次获得公司最高荣誉——“百度最高奖”。他还创建了中国公司第一个自动驾驶项目，后发展为百度自动驾驶事业部。回国前，余博士在德国和美国的工业界工作了 12 年，服务于西门子、微软、NEC 硅谷实验室等机构。他发表的学术论文被国际同行引用超过 12 000 次，2011 年在斯坦福大学计算机系主讲课程“CS121: Introduction to Artificial Intelligence”。余博士在南京大学获得学士和硕士学位，在德国慕尼黑大学获得计算机科学博士学位。

岳亚丁博士，腾讯公司专家研究员，腾讯技术职级评委会基础研究岗位的负责委员。岳博士拥有 19 年在金融、电信、互联网行业的数据挖掘经验，主导或参与过用户画像、在线广告、推荐系统、CRM、欺诈检测、KPI 预测等多种项目。他曾在微软（加拿大）从事行为定向广告的模型研发，另有 11 年的工程结构、海洋水文气象的力学研究及应用的工作经历。岳博士在华中科技大学获得力学博士学位，在美国圣约瑟夫大学获得计算机科学硕士学位。

目　录

第1章 贝叶斯推断的哲学

1.1 引言

尽管你已是一个编程老手，但 bug 仍有可能在代码中存在。于是，在实现了一段特别难的算法之后，你决定先来一个简单的测试用例。这个用例通过了。接着你用了一个稍微复杂的测试用例。再次通过了。接下来更难的测试用例也通过了。这时，你开始觉得也许这段代码已经没有 bug 了。

如果你这样想，那么恭喜你：你已经在用贝叶斯的方式思考！简单地说，贝叶斯推断是通过新得到的证据不断地更新你的信念。贝叶斯推断很少会做出绝对的判断，但可以做出非常可信的判断。在上面的例子中，我们永远无法 100% 肯定我们的代码是无缺陷的，除非我们测试每一种可能出现的情形，这在实践中几乎不可能。但是，我们可以对代码进行大量的测试，如果每一次测试都通过了，我们更有把握觉得这段代码是没问题的。贝叶斯推断的工作方式就在这里：我们会随着新的证据不断更新之前的信念，但很少做出绝对的判断，除非所有其他的可能都被一一排除。

1.1.1 贝叶斯思维

和更传统的统计推断不同，贝叶斯推断会保留不确定性。乍听起来，这像一门糟糕的统计方法，难道不是所有的统计都是期望从随机性里推断出确定性吗？要协调这些不一致，我们首先需要像贝叶斯派一样思考。

在贝叶斯派的世界观中，概率是被解释为我们对一件事情发生的相信程度，换句话说，这表明了我们对此事件发生的信心。事实上，我们一会儿就会发现，这就是概率的自然的解释。

为了更清晰地论述，让我们看看来自**频率派**关于概率的另一种解释。频率派是更古典的统计学派，他们认为概率是事件在长时间内发生的频率。例如，在频率派的哲学语境里，飞机事故的概率指的是长期来看，飞机事故的频率值。对许多事件来说，这样解释概率是有逻辑的，但对某些没有长期频率的事件来说，这样解释是难以理解的。试想一下：在总统选举时，我们经常提及某某候选人获选的概率，但选举本身只发生一次！频率论为了解决这个问题，提出了“替代现实”的说法，从而用在所有这些替代的“现实”中发生的频率定义了这个概率。

贝叶斯派，在另一方面，有更直观的方式。它把概率解释成是对事件发生的信心。简单地说，概率是观点的概述。某人把概率0赋给某个事件的发生，表明他完全确定此事不会发生；相反，如果赋的概率值是1，则表明他十分肯定此事一定会发生。0和1之间的概率值可以表明此事可能发生的权重。这个概率定义可以和飞机事故概率一致。如果除去所有外部信息，一个人对飞机事故发生的信心应该等同于他了解到的飞机事故的频率。同样，贝叶斯概率的定义也能适用于总统选举，并且使得概率（信心）更加有意义：你对候选人*A*获胜的信心有多少?

请注意，在之前，我们提到每个人都可以给事件赋概率值，而不是存在某个唯一的概率值。这很有趣，因为这个定义为个人之间的差异留有余地。这正和现实天然契合：不同的人即便对同一事件发生的信心也可以有不同的值，因为他们拥有不同的信息。这些不同并不说明其他人是错误的。考虑下面的例子。

1. 在抛硬币中我们同时猜测结果。假设硬币没有被做手脚，我和你应该都相信正反面的概率都是0.5。但假设我偷看了这个结果，不管是正面还是反面，我都赋予这个结果1的概率值。现在，你认为正面的概率是多少？很显然，我额外的信息（偷看）并不能改变硬币的结果，但使得我们对结果赋予的概率值不同了。

2. 你的代码中也许有一个bug，但我们都无法确定它的存在，尽管对于它是否存在我们有不同的信心。

3. 一个病人表现出x、y、z三种症状，有很多疾病都会表现出这三种症状，但病人只患了一种病。不同的医生对于到底是何种疾病导致了这些症状可能会有稍微不同的看法。

对我们而言，将对一个事件发生的信心等同于概率是十分自然的，这正是我们长期以来同世界打交道的方式。我们只能了解到部分的真相，但可以通过不断收集证据来完善我们对事物的观念。与此相对的是，你需要通过训练才能够以频率派的方式思考事物。

为了和传统的概率术语对齐，我们把对一个事件A发生的信念记为$P(A)$，这个值我们称为**先验概率**。

伟大的经济学家和思想者John Maynard Keynes曾经说过（也有可能是杜撰的）：“当事实改变，我的观念也跟着改变，你呢？”这句名言反映了贝叶斯派思

考事物的方式，即随着证据而更新信念。甚至是，即便证据和初始的信念相反，也不能忽视了证据。我们用 $P(A|X)$ 表示更新后的信念，其含义为在得到证据 X 后，A 事件的概率。为了和先验概率相对，我们称更新后的信念为后验概率。考虑在观察到证据 X 后，以下例子的**后验概率**。

1. $P(A)$：硬币有 50% 的几率是正面。$P(A|X)$：你观察到硬币落地后是正面，把这个观察到的信息记为 X，那么现在你会赋 100% 的概率给正面，0% 的概率给负面。

2. $P(A)$：一段很长很复杂的代码可能含有 bug。$P(A|X)$: 代码通过了所有的 X 个测试；现在代码可能仍然有 bug，不过这个概率现在变得非常小了。

3. $P(A)$：病人可能有多种疾病。$P(A|X)$：做了血液测试之后，得到了证据 X，排除了之前可能的一些疾病。

在上述例子中，即便获得了新的证据，我们也并没有完全地放弃初始的信念，但我们重新调整了信念使之更符合目前的证据（也就是说，证据让我们对某些结果更有信心）。

通过引入先验的不确定性，我们事实上允许了我们的初始信念可能是错误的。在观察数据、证据或其他信息之后，我们不断更新我们的信念使得它错得不那么离谱。这和硬币预测正相反，我们通常希望预测得更准确。

1.1.2 贝叶斯推断在实践中的运用

如果频率推断和贝叶斯推断是一种编程函数，输入是各种统计问题，那么这两个函数返回的结果可能是不同的。频率推断返回一个估计值（通常是统计量，平均值是一个典型的例子），而贝叶斯推断则会返回概率值。

例如，在代码测试的例子中，如果你问频率函数：“我的代码通过了所有测试，它现在没有 bug 了吗？”频率函数会给出“yes”的回答。但如果你问贝叶斯函数：“通常我的代码有 bug，现在我的代码通过了所有测试，它是不是没有 bug 了？”贝叶斯函数会给出非常不同的回答，它会给出“yes”和“no”的概率，例如“‘yes’的概率是 80%，‘no’的概率是 20%。”

这和频率函数返回的结果是非常不同的。注意到贝叶斯函数还有一个额外的信息——“通常的我的代码有 bug”，这个参数就是先验信念。把这个参数加进去，贝叶斯函数会将我们的先验概率纳入考虑范围。通常这个参数是可省的，但我们将会发现缺省它会产生什么样的结果。

加入证据 当我们添加更多的证据，初始的信念会不断地被"洗刷"。这是符合期望的，例如如果你的先验是非常荒谬的信念类似"太阳今天会爆炸"，那么你每一天都会被打脸，这时候你希望某种统计推断的方法会纠正初始的信念，或者至少让初始的信念变得不那么荒谬。贝叶斯推断就是你想要的。

让 N 表示我们拥有的证据的数量。如果 N 趋于无穷大，那么贝叶斯的结果通常和频率派的结果一致。因此，对于足够大的 N，统计推断多多少少都还是比较客观的。另一方面，对于较小的 N，统计推断相对而言不稳定，而频率派的结果有更大的方差和置信区间。贝叶斯在这方面要胜出了。通过引入先验概率和返回概率结果（而不是某个固定值），我们保留了不确定性，这种不确定性正是小数据集的不稳定性的反映。

有一种观点认为，对于大的 N 来说，两种统计技术是无差别的，因为结果类似，并且频率派的计算要更为简单，因而倾向于频率派的方法。在采纳这种观点之前，也许应该先参考 Andrew Gelman 的论述：

"样本从来都不是足够大的。如果 N 太小不足以进行足够精确的估计，你需要获得更多的数据。但当 N"足够大"，你可以开始通过划分数据研究更多的问题（例如在民意调查中，当你已经对全国的民意有了较好的估计，你可以开始分性别、地域、年龄进行更多的统计）。N 从来无法做到足够大，因为当它一旦大了，你总是可以开始研究下一个问题从而需要更多的数据。"

1.1.3 频率派的模型是错误的吗？

不。频率方法仍然非常有用，在很多领域可能都是最好的办法。例如最小方差线性回归、LASSO 回归、EM 算法，这些都是非常有效和快速的方法。贝叶斯方法能够在这些方法失效的场景发挥作用，或者是作为更有弹性的模型而补充。

1.1.4 关于大数据

出乎意料的是，通常解决大数据预测型问题的方法都是些相对简单的算法。因此，我们会认为大数据预测的难点不在于算法，而在于大规模数据的存储和计算。（让我们再次回顾 Gelman 的关于样本大小的名言，并且提问："我真的有大数据吗？"）

中等规模或者更小规模的数据会使得分析变得更为困难。用类似 Gelman 的话说，如果大数据问题能够被大数据方法简单直接地解决，那么我们应该更关注不那么大的数据集上的问题。

1.2 我们的贝叶斯框架

我们感兴趣的估计，可以通过贝叶斯的思想被解释为概率。我们对事件 A 有一个先验估计——例如，在准备测试之前，我们对代码中的漏洞就有了一个先验的估计。

接下来，观察我们的证据。继续拿代码漏洞为例：如果我们的代码通过了 X 个测试，我们会相应地调整心里的估计。我们称这个调整过后的新估计为后验概率。调整这个估计值可以通过下面的公式完成，这个公式被称为贝叶斯定理，得名于它的创立者托马斯·贝叶斯。

$$P(A|X) = \frac{P(X|A)P(A)}{P(X)}$$

$$\propto P(X|A)P(A) \text{（}\propto \text{ 的意思是“与之成比例”）}$$

上面的公式并不等同于贝叶斯推论，它是一个存在于贝叶斯推论之外的数学真理。在贝叶斯推论里它仅仅被用来连接先验概率 $P(A)$ 和更新的后验概率 $P(A|X)$。

1.2.1 不得不讲的实例：抛硬币

几乎所有统计书籍都包含一个抛硬币的实例，那我也从这个开始着手吧。假设你不确定在一次抛硬币中得到正面的概率（剧透警告：它是 50%），你认为这里肯定是存在某个比例的，称之为 p，但是你事先并不清楚 p 大概会是多少。

我们开始抛硬币，并记录下每一次抛出的结果——正面或反面，这就是我们的观测数据。一个有趣的问题是：“随着收集到越来越多的数据，我们对 p 的推测是怎么变化的呢？”

说得更具体一些，当面对着很少量的数据或拥有大量数据时，我们的后验概率是怎么样的呢？下面，我们按照观测到的越来越多的数据（抛硬币数据），逐次更新我们的后验概率图。

在图中我们用曲线表示我们的后验概率，曲线越宽，我们的不确定性越大。如图 1.2.1 所示，当我们刚刚开始观测的时候，我们的后验概率的变化是不稳定的。但是最终，随着观测数据（抛硬币数据）越来越多，这个概率会越来越接近它的真实值 p=0.5（图中用虚线标出）。

注意到图中的波峰不一定都出现在 0.5 那里，当然它也没有必要都这样。应该明白的是我们事前并不知道 p 会是多少。事实上，如果我们的观测十分的极端，比如说抛了 8 次只有 1 次结果是正面的，这种情况我们的分布会离 0.5 偏差很多（如果缺少先验的知识，当出现 8 次反面 1 次正面时，你真的会认为抛硬币结果是公平的吗？）。随着数据的累积，我们可以观察到，虽然不是每个时候都这样，但越来越多地，概率值会出现在 p=0.5。

下面这个实例就简单地从数据角度演示一下贝叶斯推断。

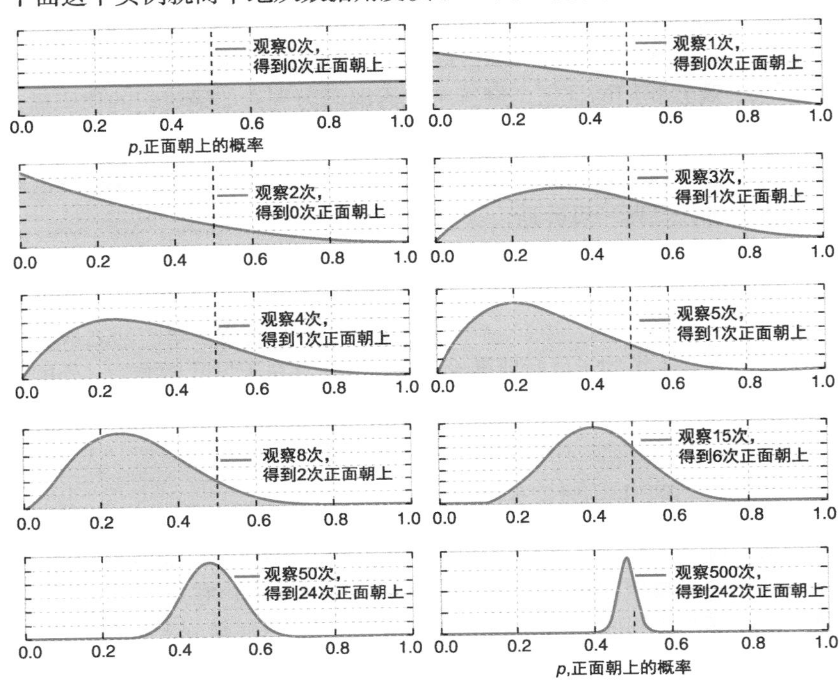

图 1.2.1　后验概率的贝叶斯变换

1.2.2　实例：图书管理员还是农民

下面这个故事灵感来自于 Daniel Kahneman 的《思考，快与慢》一书，史蒂文被描述为一个害羞的人，他乐于助人，但是他对其他人不太关注。他非常乐见事情处于合理的顺序，并对他的工作非常细心。你会认为史蒂文是一个图书管理员还是一个农民呢？从上面的描述来看大多数人都会认为史蒂文看上去更像是图书管理员，但是这里却忽略了一个关于图书管理员和农民的事实：男性图书管理员的人数只有男性农民的 1/20。所以从统计学来看史蒂文更有可能是一个农民。

怎么正确地看待这个问题呢？史蒂文实际上更有可能是一个农民还是一个图书管理员呢？把问题简化，假设世上只有两种职业——图书管理员和农民，并且农民的数量确实是图书管理员的 20 倍。

设事件 A 为史蒂文是一个图书管理员。如果我们没有史蒂文的任何信息，那么

$P(A)=1/21=0.047$。这是我们的先验。现在假设从史蒂文的邻居们那里我们获得了关于他的一些信息，我们称它们为 X。我们想知道的就是 $P(A|X)$。由贝叶斯定理得：

$$P(A|X)=\frac{P(X|A)P(A)}{P(X)}$$

我们知道 $P(A)$ 是什么意思，那 $P(X|A)$ 是什么呢？它可以被定义为在史蒂文真的是一个图书管理员的情况下，史蒂文的邻居们给出的某种描述的概率，即如果史蒂文真的是一个图书管理员，他的邻居们将他描述为一个图书管理员的概率。这个值很可能接近于 1。假设它为 0.95。

$P(X)$ 可以解释为：任何人对史蒂文的描述和史蒂文邻居的描述一致的概率。现在这种形式有点难以理解，我们将其做一些逻辑上的改造：

$$\begin{aligned}P(X)&=P(X \text{ and } A)+P(X \text{ and } \sim A)\\&=P(X|A)P(A)+P(X|\sim A)P(\sim A)\end{aligned}$$

其中 $\sim A$ 表示史蒂文不是一个图书管理员的事件，那么他一定是一个农民。现在我们知道 $P(X|A)$ 和 $P(A)$，另外也可知 $P(\sim A)=1-P(A)=20/21$。现在我们只需要知道 $P(X|\sim A)$，即在史蒂文为一个农民的情况下，史蒂文的邻居们给出的某种描述的概率即可。假设它为 0.5，这样，$P(X)=0.95\times\left(\frac{1}{21}\right)+(0.5)\times\left(\frac{20}{21}\right)=0.52$。

结合以上：

$$P(A|X)=0.95\times\left(\frac{1}{21}\right)/0.52=0.087$$

这个值并不算高，但是考虑到农民的数量比图书管理员的数量多这么多，这个结果也非常合理了。在图 1.2.2 中，对比了在史蒂文为农民和史蒂文为图书管理员时的先验和后验概率。

```
%matplotlib inline
from IPython.core.pylabtools import figsize
import numpy as np
from matplotlib import pyplot as plt
figsize(12.5, 4)
plt.rcParams['savefig.dpi'] = 300
plt.rcParams['figure.dpi'] = 300

colors = ["#348ABD", "#A60628"]
prior = [1/21., 20/21.]
posterior = [0.087,1-0.087]
plt.bar([0, .7], prior, alpha=0.70, width=0.25,
        color=colors[0], label="prior distribution",
        lw="3", edgecolor="#348ABD")

plt.bar([0+0.25, .7+0.25], posterior, alpha=0.7,
```

```
            width=0.25, color=colors[1],
            label="posterior distribution",
            lw="3", edgecolor="#A60628")

    plt.xticks([0.20, 0.95], ["Librarian", "Farmer"])
    plt.title("Prior and posterior probabilities of Steve's\
            occupation")
    plt.ylabel("Probability")
    plt.legend(loc="upper left");
```

在我们得到X的观测值之后，史蒂文为图书管理员的概率增加了，虽然增加的不是很多，史蒂文为农民的可能性依旧是相当大的。

这是一个关于贝叶斯推断和贝叶斯法则的一个简单的实例。不幸的是，除了在人工结构的情况下，要执行更加复杂的贝叶斯推断所使用到的数学只会变得更加的复杂。在后面我们将看到执行这种复杂的属性分析并没有必要。首先，我们必须扩充我们的建模工具。下一章的概率分布，如果你已经对它很熟悉了，可以选择跳过（或只是浏览一下），但是对于不熟悉的读者，下一章是很有必要的。

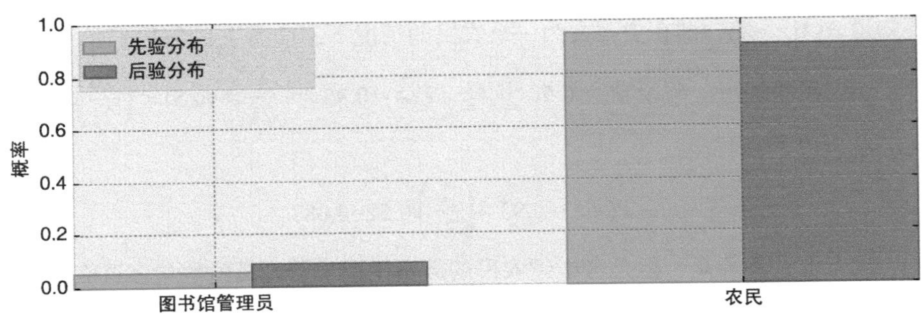

图 1.2.2　史蒂文职业的先验及后验概率

1.3　概率分布

首先定义以下希腊文字的发音：

$$\alpha = \text{alpha}$$
$$\beta = \text{beta}$$
$$\lambda = \text{lambda}$$
$$\mu = \text{mu}$$
$$\sigma = \text{sigma}$$
$$\tau = \text{tau}$$

很好。接下来正式开始讲概率分布。首先快速地回忆一下什么是概率分布。

设 Z 为一个随机变量，那么就存在一个跟 Z 相关的概率分布函数，给定 Z 任何取值，它都得到一个相应的概率值。

我们把随机变量分为 3 种类别。

- Z 为**离散**的。离散随机变量的取值只能是在特定的列表中。像货币、电影收视率、投票数都是离散随机变量。当我们将它与连续型随机变量对比时，这个概念就比较清楚了。
- Z 为**连续**的。连续型随机变量的值可以是任意精确数值。像温度、速度和时间都是连续型变量，因为对于这些数值你可以精确到任何程度。
- Z 为**混合**的。混合型随机变量的值可以为以上两种形式，即结合了以上两种随机变量的形式。

1.3.1 离散情况

如果 Z 是离散的，那么它的分布为概率质量函数，它度量的是当 Z 取值为 k 时的概率，用 $P(Z=k)$ 表示。可以注意到，概率质量函数完完全全地描述了随机变量 Z，即如果知道 Z 的概率质量方程，那么 Z 会怎么表现都是可知的。下面介绍一些经常会碰到的概率质量方程，学习它们是十分有必要的。第一个要介绍的概率质量方程十分重要，设 Z 服从于 Poisson 分布：

$$P(Z=k)=\frac{\lambda^k e^{-\lambda}}{k!},k=0,1,2,\cdots$$

λ 被称为此分布的一个参数，它决定了这个分布的形式。对于 Poisson 分布来说，λ 可以为任意正数。随着 λ 的增大，得到大值的概率会增大；相反地，当 λ 减小时，得到小值的概率会增大。λ 可以被称为 Poisson 分布的强度。

跟 λ 可以为任意正数不同，值 k 可以为任意非负整数，即 k 必须为 0、1、2 之类的值。这个是十分重要的，因为如果你要模拟人口分布，你是不可以假设有 4.25 个或是 5.612 个人的。

如果一个变量 Z 存在一个 Poisson 质量分布，我们可以表示为：

$$Z\sim \mathrm{Poi}(\lambda)$$

Poisson 分布的一个重要性质是：它的期望值等于它的参数。即：

$$E[Z|\lambda]=\lambda$$

这条性质以后经常会被用到，所以记住它是很有用的。在图 1.3.1 中，展示了不同 λ 取值下的概率质量分布。首先值得注意的是，增大 λ 的取值，k 取大值的概率会增加。其次值得注意的是，虽然 x 轴在 15 的时候截止，但是分布并没有截止，它可以延伸到任意非负的整数。

```
figsize(12.5, 4)

import scipy.stats as stats
a = np.arange(16)
poi = stats.poisson
lambda_ = [1.5, 4.25]
colors = ["#348ABD", "#A60628"]

plt.bar(a, poi.pmf(a, lambda_[0]), color=colors[0],
        label="$\lambda = %.1f$" % lambda_[0], alpha=0.60,
        edgecolor=colors[0], lw="3")

plt.bar(a, poi.pmf(a, lambda_[1]), color=colors[1],
        label="$\lambda = %.1f$" % lambda_[1], alpha=0.60,
        edgecolor=colors[1], lw="3")
plt.xticks(a + 0.4, a)
plt.legend()
plt.ylabel("Probability of $k$")
plt.xlabel("$k$")
plt.title("Probability mass function of a Poisson random variable,\
         differing \$\lambda$ values");
```

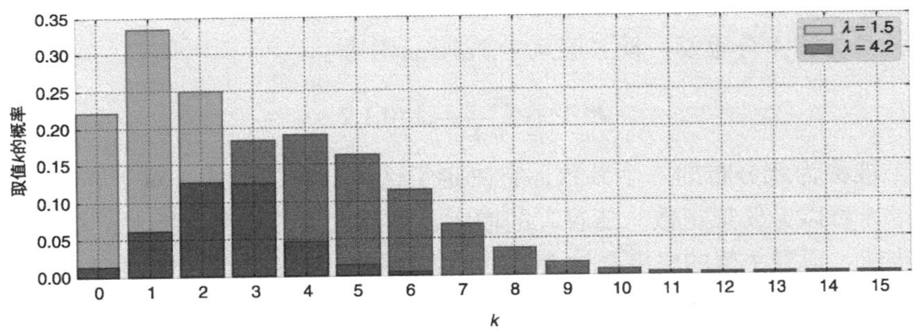

图 1.3.1　不同 λ 取值情况下，Poisson 随机变量的概率质量函数

1.3.2　连续情况

对应于离散情况下的概率质量函数，连续情况下概率分布函数被称为概率密度函数。虽然在命名上作这样的区分看起来是没有必要的，但是概率质量函数和概率密度函数有着本质的不同。举一个连续型随机变量的例子：指数密度。指数随机变量的密度函数如下式：

$$f_Z(z|\lambda)=\lambda e^{-\lambda z}, z\geqslant 0$$

类似于 Poisson 随机变量，指数随机变量只可以取非负值。但是和 Poisson 分布不同的是，这里的指数可以取任意非负值，包括非整数，例如 4.25 或是 5.612401。这个性质使得计数数据（必须为整数）在这里不太适用；而对于类似时间数据、温度数据（当然是以开氏温标计量）或其他任意对精度有要求的正数数据，它是一种不错的选择。图 1.3.2 展示了 λ 取不同值时的概率密度函数。

当随机变量 Z 拥有参数为 λ 的指数分布时，我们称 Z 服从于指数分布，并记为：

$$Z \sim \text{Exp}(\lambda)$$

对指定的参数 λ，指数型随机变量的期望值为 λ 的逆，即

$$E[Z|\lambda]=1/\lambda$$

```
a = np.linspace(0, 4, 100)
expo = stats.expon
lambda_ = [0.5, 1]

for l, c in zip(lambda_, colors):
    plt.plot(a, expo.pdf(a, scale=1./l), lw=3,
             color=c, label="$\lambda = %.1f$" % l)
    plt.fill_between(a, expo.pdf(a, scale=1./l), color=c, alpha=.33)

plt.legend()
plt.ylabel("Probability density function at $z$")
plt.xlabel("$z$")
plt.ylim(0,1.2)
plt.title("Probability density function of an exponential random\
        variable, differing $\lambda$ values");
```

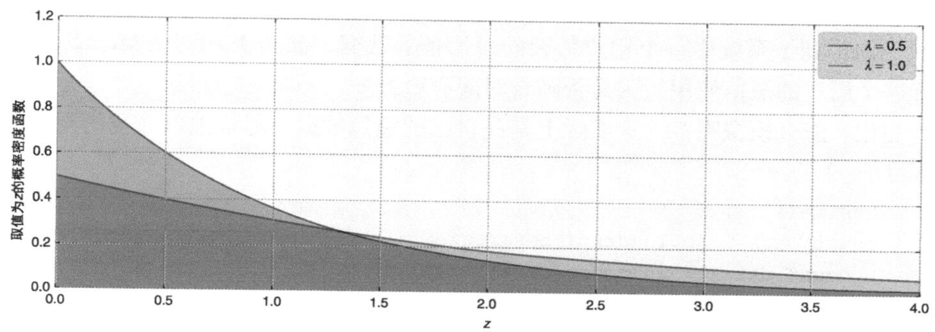

图 1.3.2　不同 λ 取值情况下，指数分布的概率密度函数

这里值得注意的是，概率密度方程在某一点的值并不等于它在这一点的概

率。这个将会在后面讲到，当然如果你对它感兴趣，可以加入 stackexchange 网站上面的讨论。

1.3.3 什么是λ

这个问题可以理解为统计的动机是什么。在现实世界，我们并不知道λ的存在，我们只能直观地感受到变量Z，如果确定参数λ的话，那就一定要深入到整个事件的背景中去。这个问题其实很难，因为并不存在Z到λ的一一对应关系。对于λ的估计有很多的设计好的方法，但因为λ不是一个可以真实观察到的东西，谁都不能说哪种方式一定是最好的。

贝叶斯推断围绕着对λ取值的估计。与其不断猜测λ的精确取值，不如用一个概率分布来描述λ的可能取值。

起初这看起来或许有些奇怪。毕竟，λ是一个定值，它不一定是随机的！我们怎么可能对一个非随机变量值赋予一个概率呢？不，这样的考虑是老旧的频率派思考方式。如果我们把它们理解为估计值的话，在贝叶斯的哲学体系下，它们是可以被赋予概率的。因此对参数λ估计是完全可以接受的。

1.4 使用计算机执行贝叶斯推断

接下来模拟一个有趣的实例，它是一个有关用户发送和收到短信的例子。

1.4.1 实例：从短信数据推断行为

你得到了系统中一个用户每天的短信条数数据，如图 1.4.1 中所示。你很好奇这个用户的短信使用行为是否随着时间有所改变，不管是循序渐进地还是突然地变化。怎么模拟呢？（这实际上是我自己的短信数据。尽情地判断我的受欢迎程度吧。）

```
figsize(12.5, 3.5)
count_data = np.loadtxt("data/txtdata.csv")
n_count_data = len(count_data)
plt.bar(np.arange(n_count_data), count_data, color="#348ABD")
plt.xlabel("Time (days)")
plt.ylabel("Text messages received")
plt.title("Did the user's texting habits change over time?")
plt.xlim(0, n_count_data);
```

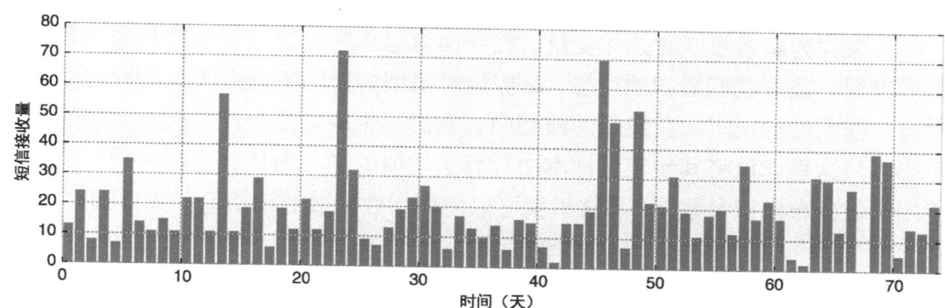

图 1.4.1 用户的短信使用行为是否随着时间发生改变？

在建模之前，仅仅从图 1.4.1 中你能猜到什么吗？你能说在这一段时间内用户行为出现了什么变化吗？

我们怎么模拟呢？像前文提到的那样，Possion 随机变量能很好地模拟这种计数类型的数据。用 C_i 表示第 i 天的短信条数。

$$C_i \sim \text{Poi}(\lambda)$$

我们不能确定参数 λ 的真实取值，然而，在图 1.4.1 中，整个观察周期的后期收到短信的几率升高了，也可以说，λ 在某些时段增加了（在前文中有提到过，当 λ 取大值的时候更容易得到较大的结果值。在这里，也就是说一天收到短信条数比较多的概率增大了）。

怎么用数据表示这种观察呢？假设在观察期的某些天（称它为 τ），参数 λ 的取值突然变得比较大。所以参数 λ 存在两个取值：在时段 τ 之前有一个，在其他时段有另外一个。在一些资料中，像这样的一个转变称之为转换点：

$$\lambda = \begin{cases} \lambda_1 & 若\ t < \tau \\ \lambda_2 & 若\ t \geqslant \tau \end{cases}$$

如果实际上不存在这样的情况，即 $\lambda_1=\lambda_2$，那么 λ 的先验分布应该是均等的。

对于这些不知道的 λ 我们充满了兴趣。在贝叶斯推断下，我们需要对不同可能值的 λ 分配相应的先验概率。对参数 λ_1 和 λ_2 来说什么才是一个好的先验概率分布呢？前面提到过 λ 可以取任意正数。像我们前面见到的那样，指数分布对任意正数都存在一个连续密度函数，这或许对模拟 λ_i 来说是一个很好的选择。但也像前文提到的那样，指数分布也有它自己对应的参数，所以这个参数也需要包括在我们的模型里面。称它为参数 α。

$$\lambda_1 \sim \text{Exp}(\alpha)$$
$$\lambda_2 \sim \text{Exp}(\alpha)$$

α 被称为超参数或者是父变量。按字面意思理解，它是一个对其他参数有影响的参数。按照我们最初的设想，α 应该对模型的影响不会太大，所以可以对它进行一些灵活的设定。在我们的模型中，我们不希望对这个参数赋予太多的主观色彩。但这里建议将其设定为样本中计算平均值的逆。为什么这样做呢？既然我们用指数分布模拟参数 λ，那这里就可以使用指数函数的期望值公式得到：

$$\frac{1}{N}\sum_{i=0}^{N} C_i \approx E[\lambda|\alpha]=\frac{1}{\alpha}$$

使用这个值，我们是比较客观的，这样做的话可以减少超参数对模拟造成的影响。另外，我也非常建议大家对上面提到的不同时段的两个 λ_i 使用不同的先验。构建两个不同 α 值的指数分布反映出我们的先验估计，即在整个观测过程中，收到短信的条数出现了变化。

对于参数 τ，由于受到噪声数据的影响，很难为它挑选合适的先验。我们假定每一天的先验估计都是一致的。用公式表达如下：

$$\tau \sim \text{DiscreteUniform}(1,70)$$
$$\Rightarrow P(\tau=k)=1/70$$

做了这么多了，那么未知变量的整体先验分布情况应该是什么样的呢？老实说，这并不重要。我们要知道的是，它并不好看，包括很多只有数学家才会喜欢的符号。而且我们的模型会因此变得更加复杂。不管这些啦，毕竟我们关注的只是先验分布而已。

下面会介绍 PyMC，它是一个由数学奇才们建立起来的关于贝叶斯分析的 Python 库。

1.4.2 介绍我们的第一板斧：PyMC

PyMC 是一个做贝叶斯分析使用的 Python 库。它是一个运行速度快、维护得很好的库。它唯一的缺点是，它的说明文档在某些领域有所缺失，尤其是在一些能区分菜鸟和高手的领域。本书的主要目标就是解决问题，并展示 PyMC 库有多酷。

下面用 PyMC 模拟上面的问题。这种类型的编程被称之为概率编程，对此的误称包括随机产生代码，而且这个名字容易使得使用者误解或者让他们对这个领域产生恐惧。代码当然不是随机的，之所以名字里面包含概率是因为使用编译变量作为模型的组件创建了概率模型。在 PyMC 中模型组件为第一类原语。

Cronin 对概率编程有一段激动人心的描述：

“换一种方式考虑这件事情，跟传统的编程仅仅向前运行不同的是，概率编程既可以向前也可以向后运行。它通过向前运行来计算其中包含的所有关于世界的假设结果（例如，它对模型空间的描述），但它也从数据中向后运行，以约束可能的解释。在实践中，许多概率编程系统将这些向前和向后的操作巧妙地交织在一起，以给出有效的最佳的解释。

由于“概率编程”一词会产生很多不必要的困惑，我会克制自己使用它。相反，我会简单地使用“编程”，因为它实际上就是编程。

PyMC 代码很容易阅读。唯一的新东西应该是语法，我会截取代码来解释各个部分。只要记住我们模型的组件（τ，λ_1，λ_2）为变量：

```
import pymc as pm

alpha = 1.0/count_data.mean() # Recall that count_data is the
                              # variable that holds our text counts.
lambda_1 = pm.Exponential("lambda_1", alpha)
lambda_2 = pm.Exponential("lambda_2", alpha)

tau = pm.DiscreteUniform("tau", lower=0, upper=n_count_data)
```

在这段代码中，我们产生了对应于参数 λ_1 和 λ_2 的 PyMC 变量，并令他们为 PyMC 中的随机变量，之所以这样称呼它们是因为它们是由后台的随机数产生器生成的。为了表示这个过程，我们称它们由 random ( ) 方法构建。在整个训练阶段，我们会发现更好的 tau 值。

```
print "Random output:", tau.random(), tau.random(), tau.random()
```

```
[Output]:

Random output: 53 21 42
```

```
@pm.deterministic
def lambda_(tau=tau, lambda_1=lambda_1, lambda_2=lambda_2):
    out = np.zeros(n_count_data) # number of data points
    out[:tau] = lambda_1 # lambda before tau is lambda_1
    out[tau:] = lambda_2 # lambda after (and including) tau is
                         # lambda_2
    return out
```

这段代码产生了一个新的函数 lambda_，但事实上我们可以把它想象成为一个随机变量——之前的随机参数 λ。注意，因为 lambda_1、lambda_2、tau 是随机的，所以 lambda_ 也会是随机的。目前我们还没有计算出任何变量。

@pm.deterministic 是一个标识符，它可以告诉 PyMC 这是一个确定性函数，即如果函数的输入为确定的话（当然这里它们不是），那函数的结果也是确定的。

```
observation = pm.Poisson("obs", lambda_, value=count_data,
                         observed=True)

model = pm.Model([observation, lambda_1, lambda_2, tau])
```

变量 observation 包含我们的数据 count_data，它是由变量 lambda_ 用我们的数据产生机制得到。我们将 observed 设定为 True 来告诉 PyMC 这在我们的分析中是一个定值。最后，PyMC 希望我们收集所有变量信息并从中产生一个 Model 实例。当我们拿到结果时就会比较好处理了。

下面的代码将在第 3 章中解释，但在这里我们展示我们的结果是从哪里来的。可以把它想象成为一个不断学习的过程。这里使用的理论称为马尔科夫链蒙特卡洛（MCMC），在第 3 章中会给出进一步的解释。利用它可以得到参数 λ_1、λ_2 和 τ 后验分布中随机变量的阈值。我们对这些随机变量作直方图，观测他们的后验分布。接下来，将样本（在 MCMC 中我们称之为迹）放入直方图中。结果如图 1.4.2 所示。

```
# Mysterious code to be explained in Chapter 3. Suffice it to say,
# we will get
# 30,000 (40,000 minus 10,000) samples back.
mcmc = pm.MCMC(model)
mcmc.sample(40000, 10000)
```

```
[Output]:
[-----------------100%-----------------] 40000 of 40000 complete
    in 9.6 sec
```

```
lambda_1_samples = mcmc.trace('lambda_1')[:]
lambda_2_samples = mcmc.trace('lambda_2')[:]
tau_samples = mcmc.trace('tau')[:]

figsize(14.5, 10)
# histogram of the samples

ax = plt.subplot(311)
ax.set_autoscaley_on(False)

plt.hist(lambda_1_samples, histtype='stepfilled', bins=30, alpha=0.85,
         label="posterior of $\lambda_1$", color="#A60628", normed=True)
plt.legend(loc="upper left")
plt.title(r"""Posterior distributions of the parameters\
          $\lambda_1,\;\lambda_2,\;\tau$""")
plt.xlim([15, 30])
plt.xlabel("$\lambda_1$ value")
```

```
plt.ylabel("Density")

ax = plt.subplot(312)
ax.set_autoscaley_on(False)
plt.hist(lambda_2_samples, histtype='stepfilled', bins=30, alpha=0.85,
         label="posterior of $\lambda_2$", color="#7A68A6", normed=True)
plt.legend(loc="upper left")
plt.xlim([15, 30])
plt.xlabel("$\lambda_2$ value")
plt.ylabel("Density")

plt.subplot(313)
w = 1.0 / tau_samples.shape[0] * np.ones_like(tau_samples)
plt.hist(tau_samples, bins=n_count_data, alpha=1,
         label=r"posterior of $\tau$", color="#467821",
         weights=w, rwidth=2.)
plt.xticks(np.arange(n_count_data))
plt.legend(loc="upper left")
plt.ylim([0, .75])
plt.xlim([35, len(count_data)-20])
plt.xlabel(r"$\tau$ (in days)")
plt.ylabel("Probability");
```

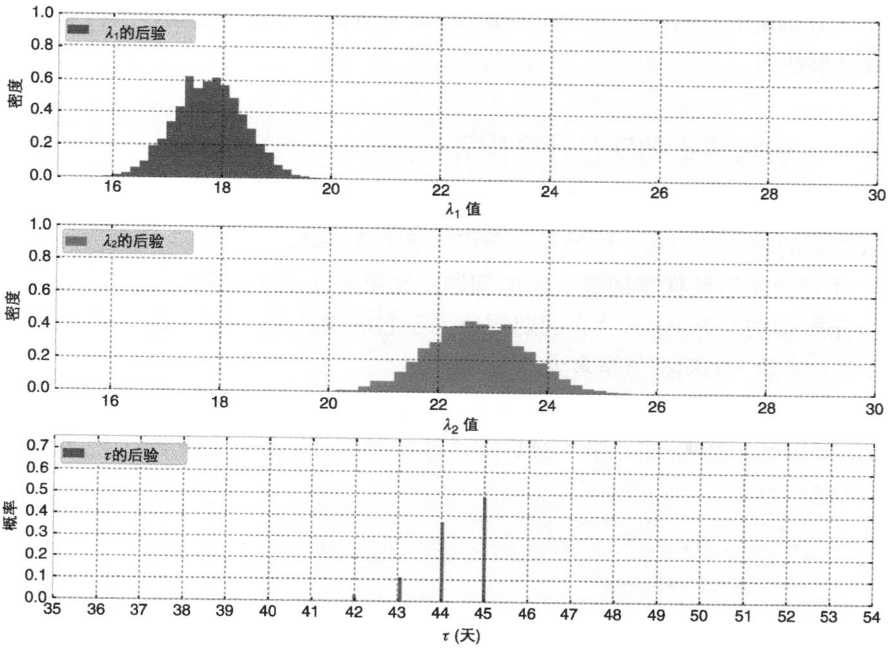

图 1.4.2 参数 λ_1、λ_2、τ 的后验分布

1.4.3 说明

回想一下，贝叶斯方法返回一个分布。因此，我们现在有分布描述未知的 λ 和 τ。我们得到了什么？马上，我们可以看我们估计的不确定性：分布越广，我们的后验概率越小。我们也可以看到参数的合理值：λ_1 大概为 18，λ_2 大概是 23。这两个 λ 的后验分布明显是不同的，这表明用户接收短信的行为确实发生了变化。（请参阅 1.6 补充说明中的正式参数。）

你还能做哪些其他的观测呢？再看看原始数据，你是否觉得这些结果合理呢？

还要注意到 λ 的后验分布并不像是指数分布，事实上，后验分布并不是我们从原始模型中可以辨别的任何分布。但这挺好的！这是用计算机处理的一个好处。如果我们不这么做而改用数学方式处理这个问题，将会非常的棘手和混乱。使用计算数学的方式可以让我们不用在方便数学处理上考虑太多。

我们的分析页返回了 τ 的一个分布。由于它是一个离散变量，所以它的后验看起来和其他两个参数有点不同，它不存在概率区间。我们可以看到，在 45 天左右，有 50% 的把握可以说用户的行为是有所改变的。没有发生变化，或者随着时间有了慢慢的变化，τ 的后验分布会更加的分散，这也反映出在很多天中 τ 是不太好确定的。相比之下，从真实的结果中看到，仅仅有三到四天可以认为是潜在的转折点。

1.4.4 后验样本到底有什么用?

在这本书的其余部分，我们会面对这样一个问题，它是一个能带领我们得到强大结果的说明。现在，用另外一个实例结束这一章。

我们会用后验样本回答下面的问题：在第 t（$0 \leqslant t \leqslant 70$）天中，期望收到多少条短信呢？ Poisson 分布的期望值等于它的参数 λ。因此问题相当于：在时间 t 中，参数 λ 的期望值是多少。

在下面的代码中，令 i 指示后验分布中的变量。给定某天 t，我们对所有可能的 λ 求均值，如果 $t<\tau_i$（也就是说，如果并没有发生什么变化），令 $\lambda_i=\lambda_{1,i}$，否则我们令 $\lambda_i=\lambda_{2,i}$。

```
figsize(12.5, 5)
# tau_samples, lambda_1_samples, lambda_2_samples contain
# N samples from the corresponding posterior distribution.
N = tau_samples.shape[0]
expected_texts_per_day = np.zeros(n_count_data) # number of data points
for day in range(0, n_count_data):
# ix is a bool index of all tau samples corresponding to
```

```
    # the switchpoint occurring prior to value of "day."
    ix = day < tau_samples
    # Each posterior sample corresponds to a value for tau.
    # For each day, that value of tau indicates whether we're
    # "before"
    # (in the lambda 1 "regime") or
    # "after" (in the lambda 2 "regime") the switchpoint.
    # By taking the posterior sample of lambda 1/2 accordingly,
    # we can average
    # over all samples to get an expected value for lambda on that day.
    # As explained, the "message count" random variable is
    # Poisson-distributed,
    # and therefore lambda (the Poisson parameter) is the expected
    # value of
    # "message count."
    expected_texts_per_day[day] = (lambda_1_samples[ix].sum()\
                                   + lambda_2_samples[~ix].sum()) / N

plt.plot(range(n_count_data), expected_texts_per_day, lw=4,
         color="#E24A33", label="Expected number of text messages\
         received")
plt.xlim(0, n_count_data)
plt.xlabel("Day")
plt.ylabel("Number of text messages")
plt.title("Number of text messages received versus expected number\
          received")
plt.ylim(0, 60)
plt.bar(np.arange(len(count_data)), count_data, color="#348ABD",
        alpha=0.65, label="Observed text messages per day")
plt.legend(loc="upper left")
print expected_texts_per_day
```

```
[Output]:

[ 17.7707 17.7707 17.7707 17.7707 17.7707 17.7707 17.7707 17.7707
  17.7707 17.7707 17.7707 17.7707 17.7707 17.7707 17.7707 17.7707
  17.7707 17.7707 17.7707 17.7707 17.7707 17.7707 17.7707 17.7707
  17.7707 17.7707 17.7707 17.7707 17.7707 17.7707 17.7707 17.7707
  17.7707 17.7707 17.7707 17.7708 17.7708 17.7712 17.7717 17.7722
  17.7726 17.7767 17.9207 18.4265 20.1932 22.7116 22.7117 22.7117
  22.7117 22.7117 22.7117 22.7117 22.7117 22.7117 22.7117 22.7117
  22.7117 22.7117 22.7117 22.7117 22.7117 22.7117 22.7117 22.7117
  22.7117 22.7117 22.7117 22.7117 22.7117 22.7117 22.7117 22.7117
  22.7117 22.7117]
```

在图 1.4.3 中展示的结果，很明显地说明了转折点的重要影响。但是对此我们应该保持谨慎的态度，从这个观点看，这里并不存在我们非常希望看到的“短信的期望数量”这样的一条直线。我们的分析结果非常符合之前的估计——用户行为确实发生了改变（如不然，λ_1 和 λ_2 的值应该比较接近），而且这是一个突然的变化，而非一种循序渐进的变化（τ 的先验分布突然出现了峰值）。我们可以推测这种情况产生的原因是：短信费用的降低，天气提醒短信的订阅，或者是一段新的感情。

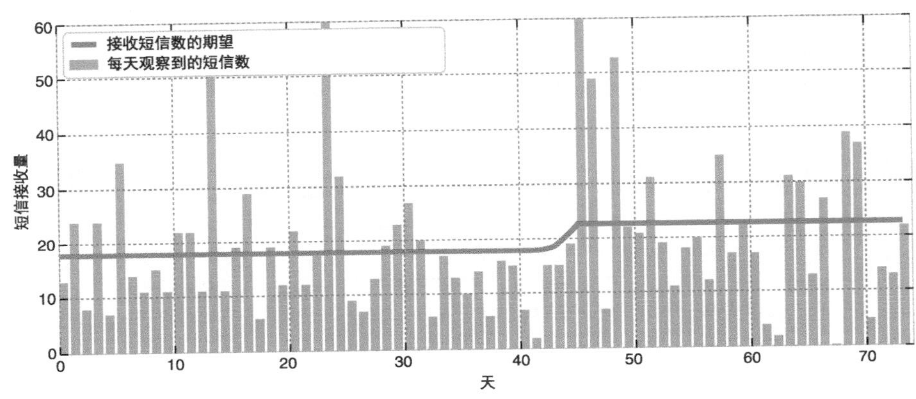

图 1.4.3　实际收到的短信量和期望收到的量

1.5　结论

这一章介绍了频率派和贝叶斯派对概率的解释的差别。同时我们也学到了两个重要的分布：Poisson 分布和指数分布。这是今后我们构建更多贝叶斯模型的两块重要基石，就像我们在短信接收例子中所做的那样。在第 2 章中，我们会探讨更多的建模和 PyMC 策略。

1.6　补充说明

1.6.1　从统计学上确定两个 λ 值是否真的不一样

在短信接收例子中，我们直观地观测了 λ_1 和 λ_2 的后验信息并认为它们是不同的。这很公平，毕竟后验的位置基本离得非常远。但如果这并不是真相，有一部分分布其实是重合的呢？我们怎么才能让上面的结论更加的正式呢？

一种方法就是计算出 $P(\lambda_1<\lambda_2|\text{data})$，即在获得观察数据的前提下，$\lambda_1$ 的真实值比 λ_2 小的概率。如果这个概率接近 50%，那相当于抛硬币得到的结果，这样我们就不能确定它们是否真的不同。如果这个概率接近 100%，那么我们就能确定地说这两个值是不同的。利用后验中的样本，这种计算非常简单——我们计算 λ_1 后验中的样本比 λ_2 后验中的样本小的次数占比：

```
print (lambda_1_samples < lambda_2_samples)
# Boolean array: True if lambda_1 is less than lambda_2.
```

```
[Output]:

[ True True True True ..., True True True True]
```

```
# How often does this happen?
print (lambda_1_samples < lambda_2_samples).sum()

# How many samples are there?
print lambda_1_samples.shape[0]
```

```
[Output]:

29994
30000
```

```
# The ratio is the probability. Or, we can just use .mean:
print (lambda_1_samples < lambda_2_samples).mean()
```

```
[Output]:

0.9998
```

结果很显然，有几乎 100% 的把握可以说这两个值是不等的。

我们也可以再问详细一点，比如："两个值之间相差 1、2、5、10 的概率有多大？"

```
# The vector abs(lambda_1_samples - lambda_2_samples) > 1 is a boolean,
# True if the values are more than 1 apart, False otherwise.
# How often does this happen? Use .mean()
for d in [1,2,5,10]:
    v = (abs(lambda_1_samples - lambda_2_samples) >= d).mean()
    print "What is the probability the difference is larger than %d\
         ? %.2f"%(d,v)
```

```
[Output]:

What is the probability the difference is larger than 1? 1.00
What is the probability the difference is larger than 2? 1.00
What is the probability the difference is larger than 5? 0.49
What is the probability the difference is larger than 10? 0.00
```

1.6.2 扩充至两个转折点

读者们或许会对前面模型中转折点个数的扩充，即如果不止一个转折点会怎么样感兴趣，或者会对只有一个转折点的结论表示怀疑。下面我们把模型扩充至两个转折点（意味着会出现 3 个 λ_i）。新模型跟之前的比较相像。

$$\lambda=\begin{cases}\lambda_1 & \text{if } t<\tau_1\\ \lambda_2 & \text{if } \tau_1\leqslant t<\tau_2\\ \lambda_3 & \text{if } t\geqslant\tau_2\end{cases}$$

其中

$$\lambda_1\sim\text{Exp}(\alpha)$$
$$\lambda_2\sim\text{Exp}(\alpha)$$
$$\lambda_3\sim\text{Exp}(\alpha)$$

并且

$$\tau_1\sim\text{DiscreteUniform}(1,69)$$
$$\tau_2\sim\text{DiscreteUniform}(\tau_1,70)$$

我们把这个模型也编译成代码，跟前面的代码看上去差不多。

```
lambda_1 = pm.Exponential("lambda_1", alpha)
lambda_2 = pm.Exponential("lambda_2", alpha)
lambda_3 = pm.Exponential("lambda_3", alpha)

tau_1 = pm.DiscreteUniform("tau_1", lower=0, upper=n_count_data-1)
tau_2 = pm.DiscreteUniform("tau_2", lower=tau_1, upper=n_count_data)

@pm.deterministic
def lambda_(tau_1=tau_1, tau_2=tau_2,
            lambda_1=lambda_1, lambda_2=lambda_2, lambda_3 = lambda_3):
    out = np.zeros(n_count_data) # number of data points
    out[:tau_1] = lambda_1 # lambda before tau is lambda_1
    out[tau_1:tau_2] = lambda_2
    out[tau_2:] = lambda_3        # lambda after (and including) tau
                                  # is lambda_2
```

```
    return out
observation = pm.Poisson("obs", lambda_, value=count_data,observed=True)
model = pm.Model([observation, lambda_1, lambda_2, lambda_3, tau_1,
                  tau_2])
mcmc = pm.MCMC(model)
mcmc.sample(40000, 10000)
```

```
[Output]:

[-----------------100%-----------------] 40000 of 40000 complete
   in 19.5 sec
```

图 1.6.1 展示了 5 个未知数的后验。我们可以看到模型的转折点大致在第 45 天和第 47 天的时候取得。对此你怎么认为呢？我们的模型是否对数据过拟合呢？

确实，我们都可能对数据中有多少个转折点抱有疑惑的态度。例如，我就认为一个转折点好过两个转折点，两个转折点好过三个转折点，以此类推。这意味着对于应该有多少个转折点可以设置一个先验分布并让模型自己做决定！在对模型进行调整之后，答案是肯定的，一个转折点确实比较适合。代码在本章就不展示了，这里我只是想介绍一种思想：用怀疑数据那样的眼光审视我们的模型。

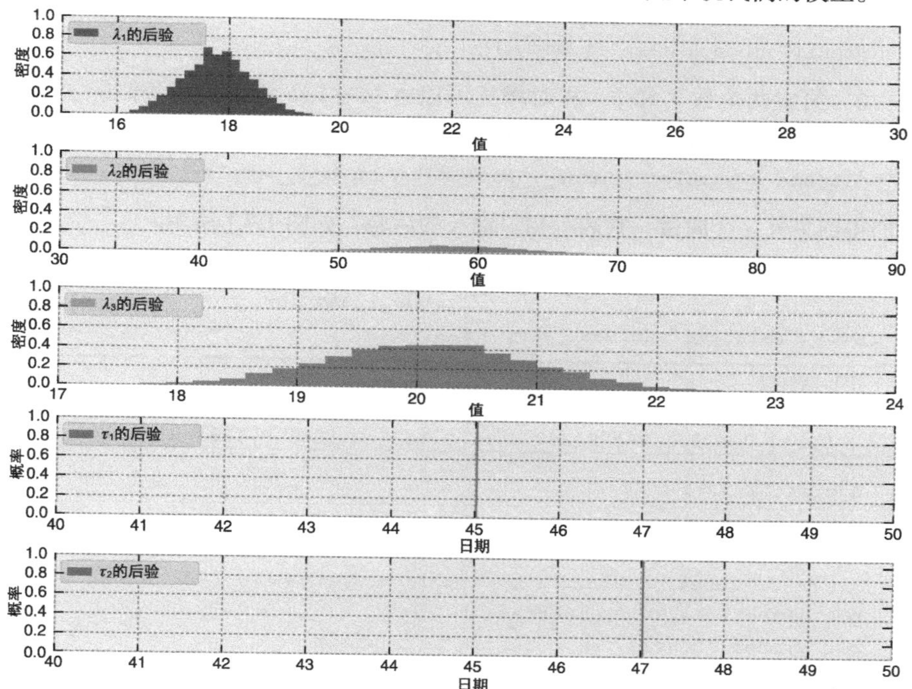

图 1.6.1 扩充后的短信模型中 5 个未知参数的后验分布

1.7 习题

1. 利用 lambda_1_samples 和 lambda_2_samples，怎么获得参数 λ_1 和 λ_2 后验分布的平均值？

2. 计算短信频率提升比例的期望值是多少。提示：需要计算 (lambda_2_samples−lambda_1_samples)/lambda_1_samples 的均值。注意这个结果和 (lambda_2_samples.mean()−lambda_1_samples.mean())/ lambda_1_samples.mean() 计算出来的结果是有很大区别的。

3. 在 τ 小于 45 的前提下，计算 λ_1 的均值。也就是说，在我们被告知行为的变化发生在第45天之前时，对λ_1的期望会是多少？(不需要重复PyMC那部分，只需要考虑当 tau_samples < 45 时所有可能的情况。)

1.8 答案

1. 计算后验的均值（即后验的期望值），我们只需要用到样本和 a.mean 函数。

```
print lambda_1_samples.mean()
print lambda_2_samples.mean()
```

2. 给定两个数 a 和 b，相对增长可以由 $(a - b)/b$ 给出。在我们的实例中，我们并不能确定 λ_1 和 λ_2 的值是多少。通过计算

```
(lambda_2_samples-lambda_1_samples)/lambda_1_samples
```

我们得到另外一个向量，它表示相对增长的后验，如图 1.7.1 所示。

```
relative_increase_samples = (lambda_2_samples-lambda_1_samples)
                            /lambda_1_samples
print relative_increase_samples
```

```
[Output]:

[ 0.263 0.263 0.263 0.263 ..., 0.1622 0.1898 0.1883 0.1883]
```

```
figsize(12.5,4)
plt.hist(relative_increase_samples, histtype='stepfilled',
         bins=30, alpha=0.85, color="#7A68A6", normed=True,
         label='posterior of relative increase')
plt.xlabel("Relative increase")
plt.ylabel("Density of relative increase")
plt.title("Posterior of relative increase")
plt.legend();
```

为了计算这个均值，需要用到新向量的均值：

```
print relative_increase_samples.mean()
```

```
[Output]:

0.280845247899
```

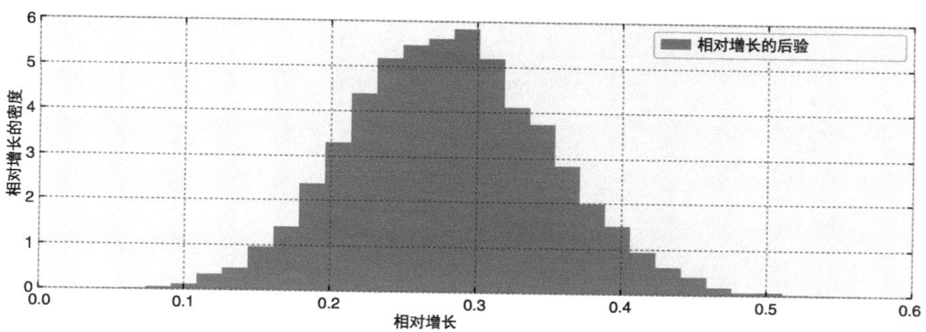

图 1.7.1 相对增长的后验

3. 如果已知 $\tau < 45$，那么所有样本都需要考虑到这点：

```
ix = tau_samples < 45
print lambda_1_samples[ix].mean()
```

```
[Output]:

17.7484086925
```

第2章 进一步了解PyMC

2.1 引言

这一章会对 PyMC 的规则和设计模式作进一步介绍，同时也会从贝叶斯的观点介绍一些系统建模的方法。本章还包含一些关于贝叶斯模型拟合度评估的技巧和数据可视化技术。

2.1.1 父变量与子变量的关系

为了描述贝叶斯关系和保持与 PyMC 文档的一致性，这里引入父变量和子变量。

- **父变量**是会对其他变量有影响的变量。
- **子变量**是会被其他变量影响的变量，即父变量的作用变量。

一个变量可以既为父变量同时也是自变量。拿下面的 PyMC 代码为例。

```
import pymc as pm

lambda_ = pm.Exponential("poisson_param", 1)
# used in the call to the next variable...
data_generator = pm.Poisson("data_generator", lambda_)

data_plus_one = data_generator + 1
```

lambda_ 控制着 data_generator 的参数，因此会影响它的取值。前者为后者的父变量。也就是说，data_generator 是 lambda_ 的子变量。

同样，data_generator 为变量 data_plus_one 的父变量（因此 data_generator 既为父变量同时也为子变量），虽然它看起来并不像。data_plus_one 是另外一个 PyMC 变量的函数，所以它也应该作为 PyMC 变量处理，因此它是 data_generator

的子变量。

这种命名方式有助于我们描述在 PyMC 建模中的变量关系。可以通过变量的 children 和 parents 属性找到一个变量的父变量和子变量。

```
print "Children of 'lambda_': "
print lambda_.children
print "\nParents of 'data_generator': "
print data_generator.parents
print "\nChildren of 'data_generator': "
print data_generator.children
```

```
[Output]:

Children of 'lambda_':
set([<pymc.distributions.Poisson 'data_generator' at 0x10e093490>])

Parents of 'data_generator':
{'mu': <pymc.distributions.Exponential 'poisson_param' at 0x10e093610>}

Children of 'data_generator':
set([<pymc.PyMCObjects.Deterministic '(data_generator_add_1)'
    at 0x10e093150>])
```

当然，一个子变量可以拥有多个父变量，并且一个父变量可以拥有多个子变量。

2.1.2　PyMC 变量

所有 PyMC 变量都提供了一个 value 属性。该属性输出变量的当前取值（可能是随机值）。对于自变量来说，如果父变量改变的话，它也会随之变化。用之前的变量说明：

```
print "lambda_.value =", lambda_.value
print "data_generator.value =", data_generator.value
print "data_plus_one.value =", data_plus_one.value
```

```
[Output]:

lambda_.value = 1.0354800596
data_generator.value = 4
data_plus_one.value = 5
```

PyMC 中存在两种类型的编程变量：随机型和确定型。

- **随机型变量**是一种不确定的变量，即：即使获取了这个变量的所有父变量（就算它有父变量），它的取值仍然随机。

- **确定型变量**是指如果其父变量确定，那么它不再随机。一开始这可能会造成一些困惑。一种快速的检测是：如果我知道了所有 foo 的父变量值，我可以判断 foo 的取值为多少。

初始化随机型变量 初始化一个随机变量时，传入的第一个参数统一是一个字符串，它表示变量的名字。后面的参数随变量类别而不同，例如：

```
some_variable = pm.DiscreteUniform("discrete_uni_var", 0, 4)
```

其中 0、4 是离散均匀分布中随机变量的上界和下界。在 PyMC 文档（http://pymc-devs.github.com/pymc/distributions.html）中包含了随机变量的具体参数（或使用 ?? 如果你使用的是 IPython！）。

在接下的分析中会讲到，变量名字会被用来检索后验分布，所以最好使用描述性命名。我一般使用 Python 变量的名字。

对于多变量的问题，与其构建一个随机变量的 Python 数组，不如在调用随机变量构建一个（独立）随机变量的数组时指定大小关键字。如果你把这个数组当做 NumPy 数组使用是没有问题的，并且它的 value 属性的返回值也是 NumPy 数组。

大小实参也可以方便地用于多个变量 β_i（$i = 1, \cdots, N$）建模时的情景。与其为每个变量分别设置不同的名字，例如：

```
beta_1 = pm.Uniform("beta_1", 0, 1)
beta_2 = pm.Uniform("beta_2", 0, 1)
...
```

不如把所有变量打包成为一个变量：

```
betas = pm.Uniform("betas", 0, 1, size=N)
```

调用 random() 调用随机变量方法 random( ) 可以产生一个新的随机值（给定父变量的情形下）。下面用第 1 章的短信例子来说明。

```
lambda_1 = pm.Exponential("lambda_1", 1) # prior on first behavior
lambda_2 = pm.Exponential("lambda_2", 1) # prior on second behavior
tau = pm.DiscreteUniform("tau", lower=0, upper=10)
                                          # prior on behavior change

print "Initialized values..."
print "lambda_1.value: %.3f" % lambda_1.value
print "lambda_2.value: %.3f" % lambda_2.value
print "tau.value: %.3f" % tau.value
print
```

```
lambda_1.random(), lambda_2.random(), tau.random()

print "After calling random() on the variables..."
print "lambda_1.value: %.3f" % lambda_1.value
print "lambda_2.value: %.3f" % lambda_2.value
print "tau.value: %.3f" % tau.value
```

```
[Output]:

Initialized values...
lambda_1.value: 0.813
lambda_2.value: 0.246
tau.value: 10.000

After calling random() on the variables...
lambda_1.value: 2.029
lambda_2.value: 0.211
tau.value: 4.000
```

调用 random 会在变量属性中存储一个新的值。

确定型变量　由于我们模拟的大多数变量都是随机型变量，因此为了区分，我们用 pymc.deterministic 封装区分一个确定型变量。（如果你对 Python 封装——也可以称为装饰不是很熟悉，没有关系，只要在变量申明前放置 pymc.deterministic 封装即可）。用 Python 函数申明一个确定型变量如下：

```
@pm.deterministic
def some_deterministic_var(v1=v1, ):
    #jelly goes here.
```

出于各种原因，我们将 some_deterministic_var 当作一个变量而非 Python 函数处理。

封装前置是一种简单的构建确定型变量的方法，但它并非唯一的方法。元素操作、加法、指数和类似的方式都可以产生确定型变量。例如，下面的代码中就产生了一个确定型变量：

```
type(lambda_1 + lambda_2)
```

```
[Output]:

pymc.PyMCObjects.Deterministic
```

确定型变量封装在第 1 章短信接收例子中就有用到。前文中提到的 λ 模型如下：

$$\lambda=\begin{cases}\lambda_1 & 若\ t<\tau \\ \lambda_2 & 若\ t\geqslant\tau\end{cases}$$

并且在 PyMC 中有如下代码：

```
import numpy as np
n_data_points = 5 # in Chapter 1 we had ~70 data points

@pm.deterministic
def lambda_(tau=tau, lambda_1=lambda_1, lambda_2=lambda_2):
    out = np.zeros(n_data_points)
    out[:tau] = lambda_1 # lambda before tau is lambda 1
    out[tau:] = lambda_2 # lambda after tau is lambda 2
    return out
```

很明显，如果 τ、λ_1 和 and λ_2 都已知，那么 λ 也是完全已知的，因此 λ 是一个确定型变量。

与随机型变量不同，在确定型封装中，随机变量像标量或者 NumPy（多变量时）那样传递。例如，运行下面的代码：

```
@pm.deterministic
def some_deterministic(stoch=some_stochastic_var):
    return stoch.value**2
```

会出现 AttributeError，说明 stoch 不存在变量属性，写成 stoch**2 即可。在训练过程中，反复传递的是变量的值，而不是真实的随机变量。

注意在创建确定型函数的时候，对函数中的每一个变量都要带关键字。这是一个必要的步骤，所有的变量都必须指定关键字。

2.1.3 在模型中加入观测值

此时，虽然看起来还不太明确，我们已经完全指定了我们的先验。例如，我们可以提出并回答“先验分布 λ_1 是什么样子的？”这个问题，像图 2.1.1 中展示的那样。

```
%matplotlib inline
from IPython.core.pylabtools import figsize
from matplotlib import pyplot as plt
figsize(12.5, 4)
plt.rcParams['savefig.dpi'] = 300
plt.rcParams['figure.dpi'] = 300
samples = [lambda_1.random() for i in range(20000)]
```

```
plt.hist(samples, bins=70, normed=True, histtype="stepfilled")
plt.title("Prior distribution for $\lambda_1$")
plt.xlabel("Value")
plt.ylabel("Density")
plt.xlim(0, 8);
```

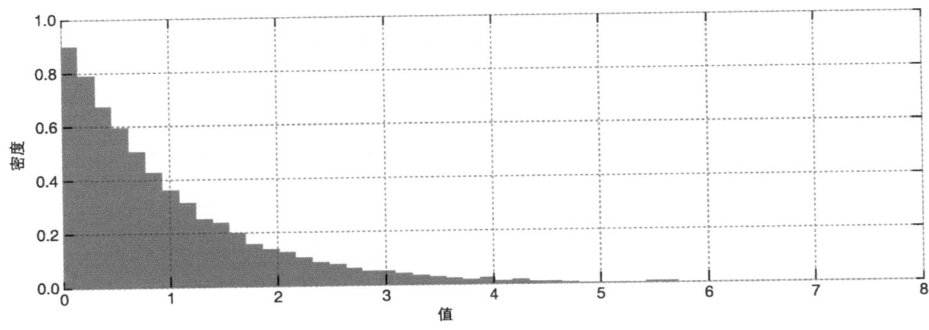

图 2.1.1　λ_1 的先验分布

虽然有点符号乱用的嫌疑，但是为了与第 1 章的符号定义相一致，我们已经指定了 $P(A)$。我们下一个目标是把数据、证据、观测值 X 加到我们的模型中，然后开始模拟。

PyMC 随机变量有个额外的关键字参数 observed，它取值为一个布尔变量（默认为 False）。这个关键字参数 observed 的作用是固定当前变量的取值，即使得变量取值不变。在创建变量的时候，需要赋予一个初值，这个值为希望加入的观测值，一般来说是个数组（为了提高速度，应该指定为 NumPy 数组）。例如：

```
data = np.array([10, 5])
fixed_variable = pm.Poisson("fxd", 1, value=data, observed=True)
print "value: ", fixed_variable.value
print "calling .random()"
fixed_variable.random()
print "value: ", fixed_variable.value
```

```
[Output]:

value: [10 5]
calling .random()
value: [10 5]
```

这就是我们把数据加到模型中的方法：对随机变量初始化一个定值。

为了完成短信接收实例，我们用观测到的数据集指定 PyMC 变量 observations。

```
# We're using some fake data here.
data = np.array([10, 25, 15, 20, 35])
obs = pm.Poisson("obs", lambda_, value=data, observed=True)
print obs.value
```

```
[Output]:

[10 25 15 20 35]
```

2.1.4 最后……

我们把所有创建的变量打包进 pm.Model 类中。有了这个类，我们就可以一次性简便地分析变量了。这是一个可选的步骤，因为这个拟合算法也可以输入一个数组变量而非一个模型类。在后面的例子中我会选择性地用到这一步。

```
model = pm.Model([obs, lambda_, lambda_1, lambda_2, tau])
```

可以在第 1 章的 1.4.1 小节看到这个模型的输出。

2.2 建模方法

在贝叶斯建模的时候，思考数据是如何产生的会是一个不错的开始。把你自己想象成一个无所不知的控盘者，你会怎么构建数据呢？

在第 1 章中，我们研究了短信接收的数据，一开始就被问到我们的观测数据是怎么样产生的。

1. 我们首先开始思考："什么随机变量最能描述这些统计数据？" Poisson 随机变量是一个很好的选择，因为它能够很好地代表统计数据。接下来我们就用 Poisson 分布来模拟短信接收的数据。

2. 接下来，我们想："好吧，假设短信接收数据是服从 Poisson 分布的，Poisson 分布需要什么东西呢？" 好，Poisson 分布需要一个参数 λ。

3. 对于 λ 我们知道具体的值吗？不，实际上，我们猜测 λ 有两个取值，一个对应于早期行为，一个对应于后期行为。我们并不知道这个什么时候发生了变化，然后，我们称这个变化点为转折点 τ。

4. 对于两个 λ 应该选一个怎样的分布？对正实数赋予概率的指数分布挺好

的。好吧，指数分布也有它自己的参数——称它为 α。

5. 我们知道参数 α 是什么样子的吗？不知道。此时我们可以继续为参数 α 选择一个分布，但是当我们积累了很多未知的时候，此时停下来会更明智一些。尽管我们对于 λ 有个先验的估计（“它可能会随时间变化”“它的取值可能在 10 到 30 之间”等等），我们却对 α 没有什么比较确信的估计。所以最好还是到此打住吧。

那么 α 选择多少为宜呢？因为我们知道 λ 的范围在 10 到 30 之间，所以如果 α 取值太小（对应 λ 有更大的概率取值较大）是不合适的。类似的，α 取值太大也不好。α 的最佳取值应该可以反映我们对于 λ 的判断，即此时我们观测到的数据的均值与 λ 均值相等。这些已在第 1 章解释过。

6. 对于 τ 什么时候发生我们并没有什么概念。所以我们假设 τ 是来自整个时段的一个离散平均分布。

在图 2.2.1 中，将上面过程可视化，图中表示了父变量和子变量之间的关系（图来自于 Daft Python 库）。

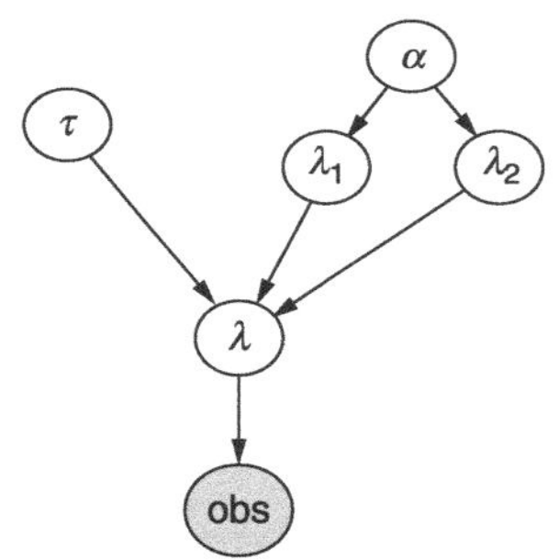

图 2.2.1　观测值产生过程的图模型

不管是 PyMC 还是其他的概率编程语言，其设计理念都是为了讲述这一数据生成过程。通俗一点来说，就像 Cronin 曾经写到的：

“概率编程可以解开很多关于数据的叙事解释，它是商业分析的圣杯以及数学家们背后的无名英雄。人们依据这些故事看似不合理的力量去做有理有据或者毫无根据的决定。但是现有的分析大多数无法提供这类故事型的叙事方法；相反，数据常常浅显地浮于表面，人们想在决策的时候利用的因果关系却难以获得。

2.2.1 同样的故事，不同的结局

有趣的是，重新讲述故事可以创造出新的数据。例如，如果我们将前面讨论的 6 个步骤反过来，我们可以模拟一种可能的数据实现。

接下来，我们用 PyMC 中自带的函数产生随机变量（但它们不是 Stochastic 变量）。函数 rdiscrete_uniform 会从一个离散的均匀分布中产生随机结果（类似于 numpy.random.randint）。

1. 从离散均匀分布（0，80）中抽取用户行为变化点。

```
tau = pm.rdiscrete_uniform(0, 80)
print tau
```

```
[Output]:

29
```

2. 从 Exp(α) 分布中抽取 λ_1 和 λ_2 的值。

```
alpha = 1./20.
lambda_1, lambda_2 = pm.rexponential(alpha, 2)
print lambda_1, lambda_2
```

```
[Output]:

27.5189090326 6.54046888135
```

3. 对 τ 之前的天数，有 $\lambda=\lambda_1$；对 τ 之后的天数，有 $\lambda=\lambda_2$。

```
lambda_ = np.r_[ lambda_1*np.ones(tau), lambda_2*np.ones(80-tau) ]
print lambda_
```

```
[Output]:

[ 27.519 27.519 27.519 27.519 27.519 27.519 27.519 27.519 27.519
  27.519 27.519 27.519 27.519 27.519 27.519 27.519 27.519 27.519
  27.519 27.519 27.519 27.519 27.519 27.519 27.519 27.519 27.519
  27.519 27.519  6.54   6.54   6.54   6.54   6.54   6.54   6.54
   6.54   6.54   6.54   6.54   6.54   6.54   6.54   6.54   6.54
   6.54   6.54   6.54   6.54   6.54   6.54   6.54   6.54   6.54
   6.54   6.54   6.54   6.54   6.54   6.54   6.54   6.54   6.54
   6.54   6.54   6.54   6.54   6.54   6.54   6.54   6.54   6.54
   6.54   6.54   6.54   6.54   6.54   6.54   6.54   6.54 ]
```

4. 从 Poi(λ_1) 中抽样，并且对于 τ 之后的天数从 Poi(λ_2) 中抽样，例如：

```
data = pm.rpoisson(lambda_)
print data
```

```
[Output]:

[36 22 28 23 25 18 30 27 34 26 33 31 26 26 32 26 23 32 33 33 27 26 35 20 32
 44 23 30 26  9 11  9  6  8  7  1  8  5  6  5  9  5  7  6  5 11  5  5 10  9
  4  5  7  5  9  8 10  5  7  9  5  6  3  8  7  4  6  7  7  4  5  3  5  6  8
 10  5  6  8  5]
```

5. 对上面模拟的数据作图，如图 2.2.2 所示。

```
plt.bar(np.arange(80), data, color="#348ABD")
plt.bar(tau-1, data[tau - 1], color="r", label="user behavior changed")
plt.xlabel("Time (days)")
plt.ylabel("Text messages received")
plt.title("Artificial dataset from simulating the model")
plt.xlim(0, 80)
plt.legend();
```

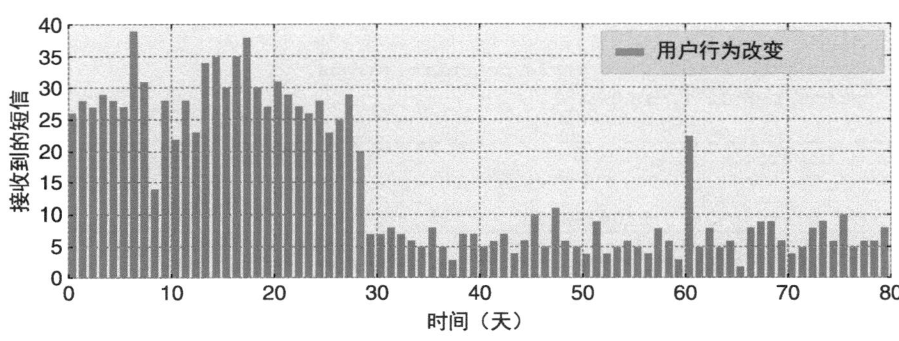

图 2.2.2　人工模拟数据

图 2.2.2 中虚构的数据并不像我们的真实观测数据，这很合理；确实，它们真的一样的概率是非常小的。PyMC 就是用来寻找最优的参数——τ 和 λ_i 来极大化这种可能性。

产生模拟数据的能力是我们模型的另外一个小作用，后面我们会发现这个作用在贝叶斯推断方法中是很重要的。例如，在图 2.2.3 中我们产生更多的人工模拟数据。

```
def plot_artificial_sms_dataset():
    tau = pm.rdiscrete_uniform(0, 80)
    alpha = 1./20.
```

```
    lambda_1, lambda_2 = pm.rexponential(alpha, 2)
    data = np.r_[pm.rpoisson(lambda_1, tau), pm.rpoisson(lambda_2,
                 80 - tau)]
    plt.bar(np.arange(80), data, color="#348ABD")
    plt.bar(tau - 1, data[tau-1], color="r",
            label="user behavior changed")
    plt.xlim(0, 80)
    plt.xlabel("Time (days)")
    plt.ylabel("Text messages received")

figsize(12.5, 5)
plt.title("More examples of artificial datasets from\
           simulating our model")
for i in range(4):
    plt.subplot(4, 1, i+1)
    plt.xlabel("Time (days)")
    plt.ylabel("Text messages received")
    plot_artificial_sms_dataset()
```

后文当中，我们会用这个做预测，并且检测我们的模型是否合适。

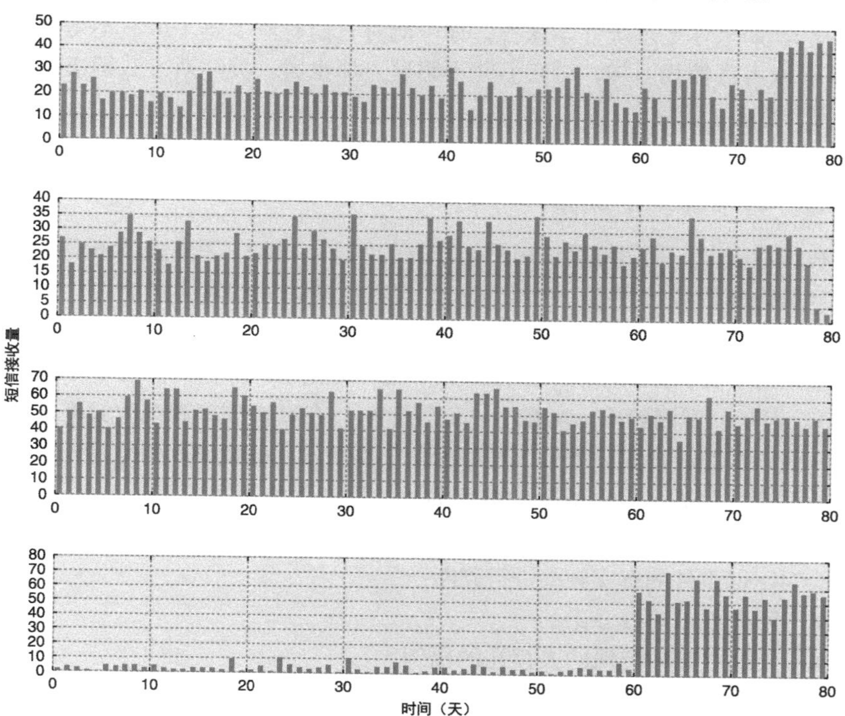

图 2.2.3 更多的人工模拟数据

2.2.2　实例：贝叶斯 A/B 测试

A/B 测试是用来检测两种不同处理方式导致的差异化程度的一种统计设计模式。例如，医药公司想知道药品 A 和药品 B 的疗效哪个好。该公司会把药品 A 用在一组病人身上，而对另外一组病人使用药品 B（通常两组病人是一样多的，这里我们忽略这个假设）。在获得足够多试验数据后，公司的统计学家会评估哪种药品的疗效更好。

同样，一个前端网站开发者想知道两个网站谁会带来更高的转化率，这里的转化可以是用户的注册、购买或其他的行为。他们会抽取一定比例的用户使用网站 A，另外一定比例的用户使用网站 B（有不同的设计），并记录下这些用户的转化行为。这种分配和转化被记录下来并在后面分析。

A/B 测试的关键点在于组别之间只能容许一个不同点。这样，任何指标（类似药效和转化率）上的明显变化都可以归结于这个不同点。

通常，实验后的分析都是用假设检验完成的，例如均值差异检验或比例差异检验。这里就涉及常常被误解的量例如“Z 分数”或是更加令人困惑的“p 值”(不要问我)。如果你上过统计学课程，你可能对它们有所了解（虽然不是很有必要了解）。或者你像我一样，对它们并不感冒，那也罢。贝叶斯方法解决这个问题就显得自然多了。

2.2.3　一个简单的场景

在这本书中，我们继续使用网站开发的例子。此时，我们先分析网站 A。假设用户最终是否转化存在一个概率 p_A，这就是网站 A 的真实影响力。目前它对于我们来说是未知的。

假设有 N 个用户浏览了网站 A，n 个用户转化了。你们可能会草率地得到 $p_A = n/N$。但是，观测频率 n/N 并不一定等于 p_A，在真实频率和观测频率之间还是存在一些区别的。真实频率可以理解为一个事情发生的概率，但是这并不等于观测到的频率。例如，得到骰子的数字为 1 的那一面的真实频率是 1/6，但是如果我们试验六次，并不一定能观测到数字为 1 的那一面（这就是观测频率）。我们经常会对下面事件的真实频率进行判断：

- 用户买单的百分比。
- 人群中某种特殊的人存在的比例。
- 互联网用户养猫的百分比。
- 明天会下雨的概率。

不幸的是，在真实频率前面经常会出现噪音和其他复杂情况的干扰，我们必须从观测数据中将它们推断出来。利用观测到的数据和合理的先验知识我们用贝叶斯统计推断真实频率的可能值。继续回答转化率的例子，我们用已知的 N（总访问量）和 n（转化人数），去估计转化的真实频率 p_A。

建立一个贝叶斯模型，我们需要对未知变量赋予一个先验分布。对 p_A 来说，先验分布可能是什么呢？在这个例子中，我们对 p_A 并不是很确定，所以这里，假设 p_A 来自 [0，1] 的均匀分布：

```
import pymc as pm

# The parameters are the bounds of the Uniform.
p = pm.Uniform('p', lower=0, upper=1)
```

在这个例子中，假设 p_A=0.05，N=1 500，即有 1 500 个用户访问了网站 A，对于他们的购买行为我们进行一个模拟。这里用到**伯努利分布**。一个伯努利分布是一个二项随机值（只能取 0 或 1），而我们的观测行为也是一个二项的（转化或不转化），这样用起来就比较合适啦。更正式一点，如果 $X \sim \text{Ber}(p)$，那么 X 有 p 的概率取值为 1，并且有 $1-p$ 的概率取值为 0。当然，实际上我们并不知道 p_A 是多少，但是这里我们用它模拟产生一些人工数据。

```
# set constants
p_true = 0.05 # remember, this is unknown in real-life
N = 1500

# Sample N Bernoulli random variables from Ber(0.05).
# Each random variable has a 0.05 chance of being a 1.
# This is the data-generation step.
occurrences = pm.rbernoulli(p_true, N)

print occurrences # Remember: Python treats True == 1, and False == 0.
print occurrences.sum()
```

```
[Output]:

[False False False False ..., False False False False]
85
```

观测频率如下：

```
# Occurrences.mean() is equal to n/N.
print "What is the observed frequency in Group A? %.4f"\
                % occurrences.mean()
```

```
print "Does the observed frequency equal the true frequency? %s"\
                % (occurrences.mean() == p_true)
```

```
[Output]:

What is the observed frequency in Group A? 0.0567
Does the observed frequency equal the true frequency? False
```

我们将观测值放入 PyMC 中的 observed 变量，并运行估计程序：

```
# Include the observations, which are Bernoulli.
obs = pm.Bernoulli("obs", p, value=occurrences, observed=True)

# to be explained in Chapter 3
mcmc = pm.MCMC([p, obs])
mcmc.sample(20000, 1000)
```

```
[Output]:

[-----------------100%-----------------] 20000 of 20000 complete
   in 2.0 sec
```

我们在图 2.2.4 中作未知变量 p_A 的后验分布。

```
figsize(12.5, 4)
plt.title("Posterior distribution of $p_A$, the true effectiveness\
        of site A")
plt.vlines(p_true, 0, 90, linestyle="--", label="true $p_A$ (unknown)")
plt.hist(mcmc.trace("p")[:], bins=35, histtype="stepfilled",
        normed=True)
plt.xlabel("Value of $p_A$")
plt.ylabel("Density")
plt.legend();
```

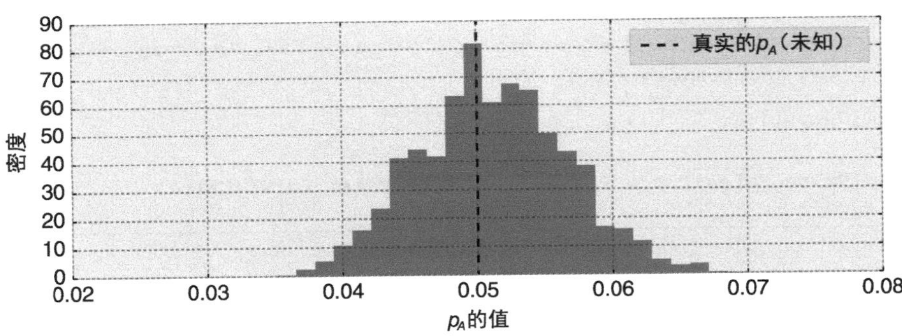

图 2.2.4 p_A 的后验分布，即网站 A 的的真实影响力

数据显示 p_A 真实值越可能存在的地方我们的后验分布的权重越高，即分布的值越高的地方，越可能是 p_A 的真实值。试着改变观测值的个数 N，并观察后验分布的变化情况。

（y 轴比 1 大的原因可以在网站 http://stats.stackexchange.com/questions/4220/a-probability-distribution-value-exceeding-1-is-ok/. 上找到很好的答案。）

2.2.4 *A* 和 *B* 一起

同样地可以通过分析网站 B 收集到的数据来确定一个 p_B 的后验。让我们真正感兴趣的是 p_A 和 p_B 的差距。让我们一次性对 p_A、p_B 和 delta=p_A-p_B 进行推断，这个可以用 PyMC 的确定变量实现。在这个实例中，假设 p_B=0.04（虽然我们并不知道），这样得到 delta=0.01，N_B=750（只有 N_A 的一半），用与模拟网站 A 数据同样的方法我们模拟网站 B 的数据。

```
import pymc as pm
figsize(12, 4)

# These two quantities are unknown to us.
true_p_A = 0.05
true_p_B = 0.04

# Notice the unequal sample sizes.no problem in Bayesian analysis.
N_A = 1500
N_B = 750

# Generate some observations.
observations_A = pm.rbernoulli(true_p_A, N_A)
observations_B = pm.rbernoulli(true_p_B, N_B)
print "Obs from Site A: ", observations_A[:30].astype(int), "..."
print "Obs from Site B: ", observations_B[:30].astype(int), "..."
```

```
[Output]:

ObsfromSiteA: [00000000000000000000001
   0 0 0 0 0 0 0] ...
ObsfromSiteB: [00000000000000000000000
   0 0 0 0 0 0 0] ...
```

```
print observations_A.mean()
print observations_B.mean()
```

```
[Output]:

0.0506666666667
0.0386666666667
```

```
# Set up the PyMC model. Again assume Uniform priors for p_A and p_B.
p_A = pm.Uniform("p_A", 0, 1)
p_B = pm.Uniform("p_B", 0, 1)

# Define the deterministic delta function. This is our unknown
# of interest.
@pm.deterministic
def delta(p_A=p_A, p_B=p_B):
    return p_A - p_B

# Set of observations; in this case, we have two observation datasets.
obs_A = pm.Bernoulli("obs_A", p_A, value=observations_A, observed=True)
obs_B = pm.Bernoulli("obs_B", p_B, value=observations_B, observed=True)

# to be explained in Chapter 3
mcmc = pm.MCMC([p_A, p_B, delta, obs_A, obs_B])
mcmc.sample(25000, 5000)
```

```
[Output]:

[-----------------100%-----------------] 25000 of 25000 complete
   in 3.8 sec
```

在图 2.2.5 中对 3 个未知变量的后验分布作图。

```
p_A_samples = mcmc.trace("p_A")[:]
p_B_samples = mcmc.trace("p_B")[:]
delta_samples = mcmc.trace("delta")[:]

figsize(12.5, 10)

# histogram of posteriors


ax = plt.subplot(311)
plt.xlim(0, .1)
plt.hist(p_A_samples, histtype='stepfilled', bins=30, alpha=0.85,
         label="posterior of $p_A$", color="#A60628", normed=True)
plt.vlines(true_p_A, 0, 80, linestyle="--",
           label="true $p_A$ (unknown)")
plt.legend(loc="upper right")
plt.title("Posterior distributions of $p_A$, $p_B$,\
           and delta unknowns")
plt.ylim(0,80)

ax = plt.subplot(312)
```

```
plt.xlim(0, .1)
plt.hist(p_B_samples, histtype='stepfilled', bins=30, alpha=0.85,
        label="posterior of $p_B$", color="#467821", normed=True)
plt.vlines(true_p_B, 0, 80, linestyle="--",
        label="true $p_B$ (unknown)")
plt.legend(loc="upper right")
plt.ylim(0,80)

ax = plt.subplot(313)
plt.hist(delta_samples, histtype='stepfilled', bins=30, alpha=0.85,
        label="posterior of delta", color="#7A68A6", normed=True)
plt.vlines(true_p_A - true_p_B, 0, 60, linestyle="--",
           label="true delta (unknown)")
plt.vlines(0, 0, 60, color="black", alpha=0.2)
plt.xlabel("Value")
plt.ylabel("Density")
plt.legend(loc="upper right");
```

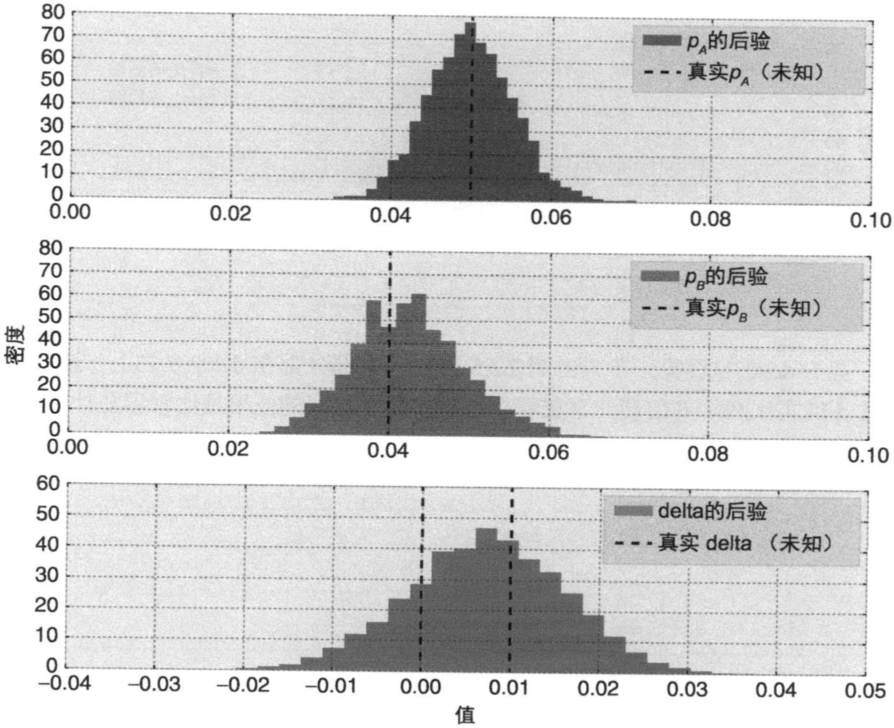

图 2.2.5 未知变量 p_A、p_B 以及 delta 的后验分布

注意一点，因为N_B<N_A，即从网站B我们获得数据比较少，p_B的后验分布比较分散，这样意味着对p_B的真实值我们并没有像p_A那么的确定。我们把两个后验分布在一幅图中展示，这样更容易看出来，如图2.2.6所示。

```
figsize(12.5, 3)

# histogram of posteriors

plt.xlim(0, .1)
plt.hist(p_A_samples, histtype='stepfilled', bins=30, alpha=0.80,
         label="posterior of $p_A$", color="#A60628", normed=True)

plt.hist(p_B_samples, histtype='stepfilled', bins=30, alpha=0.80,
         label="posterior of $p_B$", color="#467821", normed=True)
plt.legend(loc="upper right")
plt.xlabel("Value")
plt.ylabel("Density")
plt.title("Posterior distributions of $p_A$ and $p_B$")
plt.ylim(0,80);
```

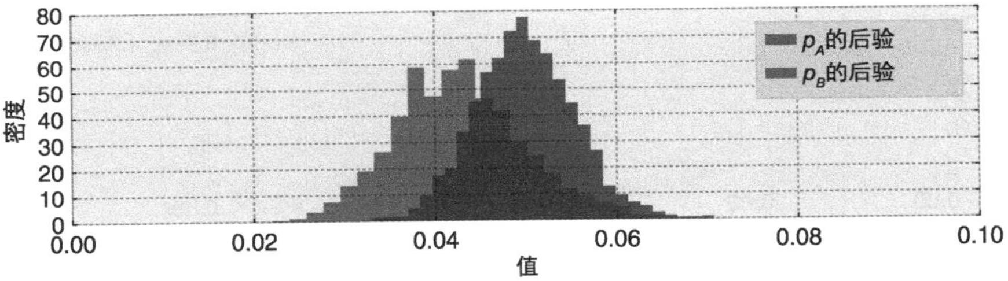

图2.2.6　p_A和p_B的后验分布

至于delta的后验分布，由图2.2.5可知其大部分都在delta=0之上，这一位置网站A确实比网站B的转化率更好。这种推断是错误的概率是比较容易计算的：

```
# Count the number of samples less than 0, i.e., the area under the curve
# before 0, representing the probability that site A is worse than site B.
print "Probability site A is WORSE than site B: %.3f" % \
    (delta_samples < 0).mean()

print "Probability site A is BETTER than site B: %.3f" % \
    (delta_samples > 0).mean()
```

```
[Output]:

Probability site A is WORSE than site B: 0.102
Probability site A is BETTER than site B: 0.897
```

如果这一概率值对于决策制订似乎太高了，我们可以对网站 B 进行更多的试验（因为网站 B 的样本比较少，所以网站 B 的每个新的点击数据会比网站 A 的每个新的点击数据有更高的贡献度）。

可以对 true_p_A、true_p_B、N_A 和 N_B 设置不同的值，观察 delta 后验分布的情况。注意到目前为止，网站 A 和网站 B 的区分度从来都没有被提到过，这种情况用贝叶斯分析起来非常的自然。

我希望读者们能够感觉到对于 A/B 测试来说使用贝叶斯方法比假设检验更加的自然，可能假设检验给实战人员带来的迷惑多过帮助。在第 5 章中，我们会看到这个模型的两种拓展：第一种有助于动态切换到更好的站点设计，第二种通过把分析减少到一个方程以提高计算的速度。

2.2.5 实例：一种人类谎言的算法

分析社交数据通常会多一层趣味。人们不一定会诚实回答每一个问题，这对我们的估计又进一步增加了复杂性。例如，一个简单的问题："你是否在某次测试中有过作弊行为？"这答案里肯定有一定比例的不诚实回答。可以确信的是它的实际比例一定比你得到的观测数据低（假设回答者只对曾经作弊的行为撒谎，我很难想象一个没有过作弊行为的回答者会谎称自己作弊过）。

为了能以一种比较优雅的方案来绕开不诚实的问题和展示贝叶斯模拟，我们首先介绍二项分布。

2.2.6 二项分布

二项分布是一种应用非常广泛的分布，这归功于它简单而且实用。和我们前面介绍到的分布不同的是二项分布有两个参数：N，一个代表实验次数或潜在事件发生数的一个正整数；p，代表在一次实验中一种事件发生的概率。跟 Poisson 分布类似，二项分布是一个离散分布。但是与 Poisson 分布不同的是，它只对 0 到 N 的整数设置概率（Poisson 分布的概率值取值可以为 0 到无穷的任意整数）。二项分布的概率质量函数如下：

$$P(X=k)=\binom{N}{k}p^k(1-p)^{N-k}$$

如果 X 是一个带有参数 p 和 N 的二项随机变量，用 $X\sim \text{Bin}(N,p)$ 表示，那么 X 就是在 N 次实验中某种事件发生的数量（$0\leqslant X\leqslant N$）。p 的取值越大（当然仍然在 0 到 1 之间），越多的事件可能会发生。二项分布的期望取值等于 Np。图

2.2.7 展示了它的概率质量分布。

```
figsize(12.5, 4)

import scipy.stats as stats
binomial = stats.binom
parameters = [(10, .4), (10, .9)]
colors = ["#348ABD", "#A60628"]

for i in range(2):
    N, p = parameters[i]
    _x = np.arange(N + 1)
    plt.bar(_x - 0.5, binomial.pmf(_x, N, p), color=colors[i],
            edgecolor=colors[i],
            alpha=0.6,
            label="$N$: %d, $p$: %.1f" % (N, p),
            linewidth=3)

plt.legend(loc="upper left")
plt.xlim(0, 10.5)
plt.xlabel("$k$")
plt.ylabel("$P(X = k)$")
plt.title("Probability mass distributions of binomial random variables");
```

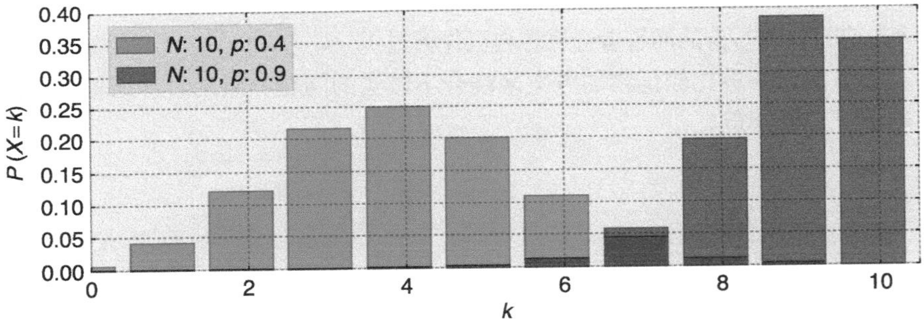

图 2.2.7 二项随机变量的概率质量分布

当 N=1 时，对二项分布来说是一种特殊的情况，这就是伯努利分布。在伯努利变量和二项随机变量之间存在另外一种关系。如果我们有一些带有相同参数 p 的伯努利变量 $X_1, X_2,\cdots, X_N$, 那么有 $Z=X_1+X_2+\cdots+ X_N \sim \text{Binomial}(N,p)$。

2.2.7 实例：学生作弊

我们接下来利用二项分布来获取在一次考试中学生们作弊的比例。如果用 N 表示参加这次考试的学生人数，并假设每位同学都是在考试结束后接受的采访

（回答是不会承担后果的），我们接收到“是的，我作弊了”的答案的数量用整数 X 表示。给定 N，对 p 指定先验和观察数据 X 得出 p 的后验分布。

这是个非常荒唐的试验，就算是没有任何惩罚也没有哪个学生会承认自己作弊的。对询问学生他们是否作弊，我们需要的是一个更好的算法。理想的情况下，这种算法需要鼓励参与者在保护隐私的情况下说出实情。下面提到的这种算法，我非常佩服它的精巧性和有效性：

“在采访每一位学生的过程中，学生抛一枚硬币，硬币结果采访者是不知道的。学生答应如果结果是正面朝上那他必须诚实回答。否则，如果结果是正面朝下，学生可以再抛一次硬币（秘密地），如果正面朝上回答“是的，我作弊了”，如果正面朝下回答“不，我没有作弊”。这样，采访者就不知道“是的”是由于愧疚还是第二次抛硬币的随机性。这样隐私得到了保护并且研究者得到了真实的数据。

我称这个算法为隐私算法。虽然也有人会说这种采访收集到的数据依然有错，因为有些“是的”答案不是来自坦白而是因为随机。另外一种说法，研究者放弃了一半的数据因为他们让这些数据随机产出。进一步说，他们并没有必要把带有欺骗性质的数据包括进来（可能有些天真）。我们可以使用 PyMC 来研究这些带噪声的模型，找出作弊者真实概率的后验分布。

假设有 100 位学生对是否作弊参与了调查，我们希望找到一个概率值 p 描述作弊者的比例。在 PyMC 中有几种模拟的方式，这里采取最能说明问题的一种，并在后面展示一个简单版。两种版本都能得到相同的推论。在我们的数据生成模型中，我们从一个先验中对 p(真实作弊者的比例) 抽样。因为我们对 p 没有什么概念，我们认为它的先验来自一个（0，1）上的均匀分布。

```
import pymc as pm

N = 100
p = pm.Uniform("freq_cheating", 0, 1)
```

再一次回想我们的数据生成模型，为 100 个学生设定伯努利随机变量：1 代表这个学生作弊，0 代表这个学生没有作弊。

```
true_answers = pm.Bernoulli("truths", p, size=N)
```

如果我们进行这个算法，下一步发生的就是每个同学第一次抛硬币。这又可以用 p=1/2 的伯努利随机变量抽样 100 次模拟，1 表示正面朝上，0 表示正面朝下。

```
first_coin_flips = pm.Bernoulli("first_flips", 0.5, size=N)
print first_coin_flips.value
```

```
[Output]:

[False False  True  True  True  False True  False True  True  True  True
 False False  False True  True  True  True  False True  False True  False
 True  True   False False True  True  False True  True  True  False False
 False False  False True  False True  True  False False False True  True
 True  False  False True  False True  True  False False False False True
 False True   True  False False False False True  False True  False False
 True  True   False True  True  False True  True  False True  False False
 True  True   False True  True  False True  True  False True  False True
 True  True   True  True]
```

虽然并不是每位同学都会抛两次硬币，我们仍然可以模拟出现第二次抛硬币动作的概率：

```
second_coin_flips = pm.Bernoulli("second_flips", 0.5, size=N)
```

通过这些变量，我们可以返回一个关于“是的”回答者观测比例的可能的实现方式，这里我们采用 PyMC 的 deterministic 变量：

```
@pm.deterministic
def observed_proportion(t_a=true_answers,
                        fc=first_coin_flips,
                        sc=second_coin_flips):

    observed = fc*t_a + (1-fc)*sc
    return observed.sum() / float(N)
```

fc*t_a + (1-fc)*sc 这一行包括了隐私算法的核心。数组中的元素为 1 仅有可能是：（1）第一次抛硬币结果为正面朝上并且这个学生真的作弊了；（2）第一次结果为正面朝下并且第二次为正面朝上。其他的情况下数据中的元素都为 0。最后，在最后一行，对向量求和并除以 float（N）产生了一个比例值。

```
observed_proportion.value
```

```
[Output]:

0.26000000000000001
```

接下来我们需要一个数据集。在我们结束采访之后，研究者们收到了 35 个“是的”答案。从相对的角度看，如果真的没有说谎者，我们应该预期有 1/4 的回答为“是的”（第一次有 1/2 的概率硬币为反面，而第二次有 1/2 的概率硬币为正面），所以有 25 个回答者置身于谎言的世界之外。反过来，如果所有人都说谎，那么应该预期有 3/4 的人回答“是的”。研究者看到的是一个二项分布，其中 N=100，p=observed_proportion，其 value 属性为 35。

```
X = 35

observations = pm.Binomial("obs", N, observed_proportion, observed=True,
                    value=X)
```

接下来，我们把有用的变量加入到容器 Model 中，并运行这个黑盒算法。

```
model = pm.Model([p, true_answers, first_coin_flips,
                  second_coin_flips, observed_proportion, observations])
# to be explained in Chapter 3
mcmc = pm.MCMC(model)
mcmc.sample(40000, 15000)
```

```
[Output]:

[-----------------100%-----------------] 40000 of 40000 complete
   in 18.7 sec
```

```
figsize(12.5, 3)
p_trace = mcmc.trace("freq_cheating")[:]
plt.hist(p_trace, histtype="stepfilled", normed=True,
              alpha=0.85, bins=30, label="posterior distribution",
              color="#348ABD")
plt.vlines([.05, .35], [0, 0], [5, 5], alpha=0.3)
plt.xlim(0, 1)
plt.xlabel("Value of $p$")
plt.ylabel("Density")
plt.title("Posterior distribution of parameter $p$")
plt.legend();
```

从图 2.2.8 中可以看出，我们仍然不能确定作弊者真实的比例，但是我们把这个答案缩小到 0.05 到 0.35 这个范围（用黑色实线标出）。这对于一个一无所知的作弊数先验来说已经是相当不错了。另一方面，真实值最有可能存在的范围有 0.3 这么长不是一个好事。到目前为止我们收获了什么吗？或者说我们仍然不能确定作弊者的真实比例。

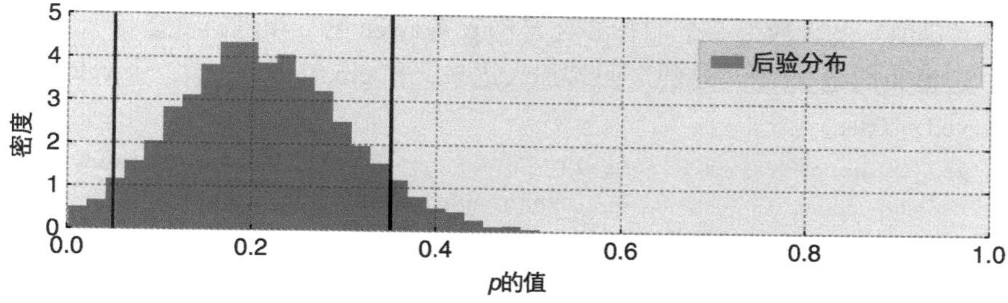

图 2.2.8　参数 p 的后验分布

对此我可以辩解，是的，我们确实发现了一些东西。根据后验的结果，没有一个人作弊，即后验分配了一个极低的概率 p=0，这是不可能的。因为我们的先验服从均匀分布，所以对 p 取任意值都合情理，但是数据得出 p=0 是一种不可能的结果，我们能确信这里是存在作弊者的。

这种算法可以用来收集用户们的隐私数据，并且有理由相信数据虽然有噪音，但是是较为真实的。

2.2.8　另一种 PyMC 模型

给定一个 p 值（只有上帝知道的），我们可以得出学生们回答“是的”的概率。

$$
\begin{aligned}
P(\text{“是的”}) &= P(\text{第一次硬币正面朝上})P(\text{作弊者}) \\
&\quad + P(\text{第一次硬币反面朝上})P(\text{第二次硬币正面朝上}) \\
&= \frac{1}{2}p + \frac{1}{2}\times\frac{1}{2} \\
&= \frac{p}{2} + \frac{1}{4}
\end{aligned}
$$

因此，知道 p 的取值，我们就可以知道一个学生回答“是的”的概率。在 PyMC 中，给定 p 值，可以创建一个决策函数来评估回答“是的”的概率。

```
p = pm.Uniform("freq_cheating", 0, 1)

@pm.deterministic
def p_skewed(p=p):
    return 0.5*p + 0.25
```

这里可以用 p_skewed = 0.5*p + 0.25 取代一行代码，因为元素的加法和标量乘法会隐式地生成一个确定变量，但是为了清晰的目的，我想显式地引用确定变量修饰器。

如果我们知道回答“是的”的概率，即 p_skewed，并且知道 N=100，那么回答“是的”的人数为一个带有参数 N 和 p_skewed 的二项随机变量。

这里我们把 35 个“是的”回答加入进来，在 pm.Binomial 中，令 value = 35，observed = True。

```
yes_responses = pm.Binomial("number_cheaters", 100, p_skewed,
                            value=35, observed=True)
```

下一步，我们把所有用到的变量加入 Model 容器，运行整个黑盒算法。在图 2.2.9 中可以看到后验分布的结果。

```
model = pm.Model([yes_responses, p_skewed, p])

# to be explained in Chapter 3
mcmc = pm.MCMC(model)
mcmc.sample(25000, 2500)
```

```
[Output]:

[-----------------100%-----------------] 25000 of 25000 complete
   in 2.0 sec
```

```
figsize(12.5, 3)
p_trace = mcmc.trace("freq_cheating")[:]
plt.hist(p_trace, histtype="stepfilled", normed=True,
         alpha=0.85, bins=30, label="posterior distribution",
         color="#348ABD")
plt.vlines([.05, .35], [0, 0], [5, 5], alpha=0.2)
plt.xlim(0, 1)
plt.xlabel("Value of $p$")
plt.ylabel("Density")
plt.title("Posterior distribution of parameter $p$, from alternate model")
plt.legend();
```

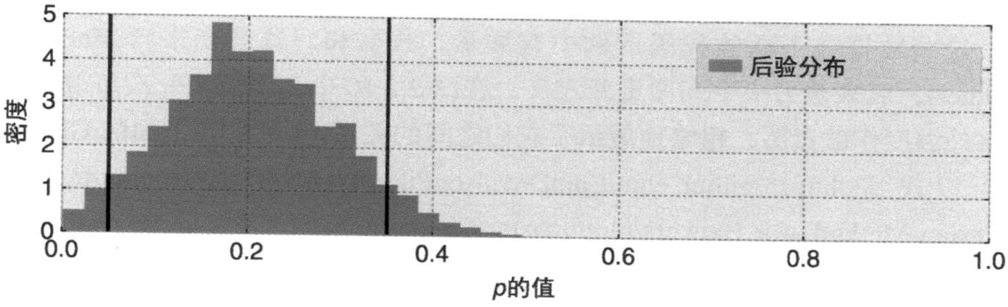

图 2.2.9 第二个模型中 p 的后验分布

2.2.9 更多的 PyMC 技巧

专家支招：Lambda 类使确定型变量更轻巧 有时候用 @pm.deterministic 修饰器编写确定型函数看起来是一件苦差事，特别是对小函数来说。之前已经提到基础数学变换可以隐式地产生确定型变量，但是对于索引和切片操作呢？内建的 Lambda 函数可以简单优雅地处理这一切。例如：

```
beta = pm.Normal("coefficients", 0, size=(N, 1))
x = np.random.randn((N, 1))
linear_combination = pm.Lambda(lambda x=x, beta=beta: np.dot(x.T, beta))
```

专家支招：PyMC 变量数组 没有什么理由让我们不把多个异构的 PyMC 变量放到一个 NumPy 数组中。只是要记得在初始化的时候把数组的 dtype 设置为 object。例如：

```
N = 10
x = np.empty(N, dtype=object)
for i in range(0, N):
    x[i] = pm.Exponential('x_%i' % i, (i+1)**2)
```

本章余下的部分考察了一些实用的 PyMC 实例和 PyMC 模型。

2.2.10 实例：挑战者号事故

1986 年 1 月 28 号，挑战者号起飞不久后一个火箭推动器发生了爆炸，这次事故造成航天飞机上的 7 名成员全部死亡，美国第 25 次航天飞行计划也就此终止。这场事故的官方结论是：事故的起因是因为连接在火箭推进器上的 O 型圈有缺陷，这种缺陷来自于设计的不合理，这种设计使得 O 型圈对很多因素包括外界温度都非常敏感。数据显示之前的 24 次飞行中有 23 次的 O 型圈（1 次丢失在海里）都是有缺陷的。但不幸的是在挑战者号发射的前一天晚上的讨论中，只有 7 次飞行中一个伤害事件得到了重视，其他都被认为没有显著的趋势。

这些数据在下面的代码示例中有展示。数据和问题最初来自 McLeish 和 Struthers，后来被另一个问题重新定义，在图 2.2.10 中，我们用一次事故的发生和室外温度作散点图，粗略地展示了它们之间的关系。（数据在下面的 Github 库中可以找到：https://github.com/CamDavidsonPilon/Probabilistic-Programming-and-Bayesian-Methods-for-Hackers/blob/master/Chapter2_MorePyMC/data/ challenger _ data.csv。）

```
figsize(12.5, 3.5)
np.set_printoptions(precision=3, suppress=True)
challenger_data = np.genfromtxt("data/challenger_data.csv",
                                skip_header=1, usecols=[1, 2],
                                missing_values="NA",
                                delimiter=",")
# Drop the NA values.
challenger_data = challenger_data[~np.isnan(challenger_data[:, 1])]
# Plot it, as a function of temperature (the first column).
print "Temp (F), O-ring failure?"
print challenger_data

plt.scatter(challenger_data[:, 0], challenger_data[:, 1], s=75,
```

```
            color="k", alpha=0.5)
plt.yticks([0, 1])
plt.ylabel("Damage incident?")
plt.xlabel("Outside temperature (Fahrenheit)")
plt.title("Defects of the space shuttle O-rings versus temperature");
```

```
[Output]:

Temp (F), O-ring failure?
[[ 66.   0.]
 [ 70.   1.]
 [ 69.   0.]
 [ 68.   0.]
 [ 67.   0.]
 [ 72.   0.]
 [ 73.   0.]
 [ 70.   0.]
 [ 57.   1.]
 [ 63.   1.]
 [ 70.   1.]
 [ 78.   0.]
 [ 67.   0.]
 [ 53.   1.]
 [ 67.   0.]
 [ 75.   0.]
 [ 70.   0.]
 [ 81.   0.]
 [ 76.   0.]
 [ 79.   0.]
 [ 75.   1.]
 [ 76.   0.]
 [ 58.   1.]]
```

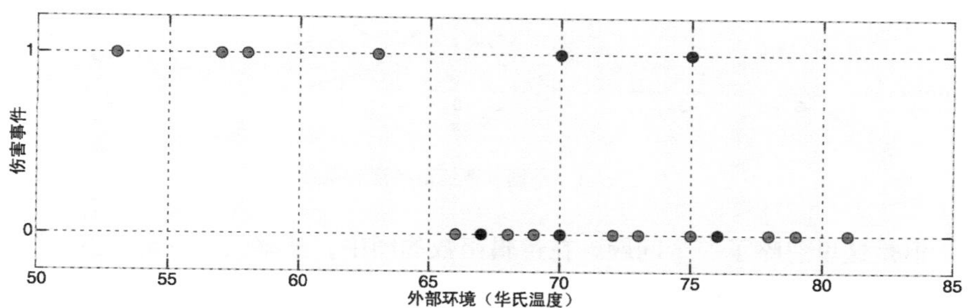

图 2.2.10 航天飞机 O 型圈的缺陷和温度的散点图

从图中可以清晰地看出：随着室外温度的下降，发生事故的概率变得更高。因为在温度和事故发生之间并没有一个严格的转折点，所以我们将对发生概率 p 建模。我们能做的就是设置问题“在温度 t 时，事故发生的概率 p 为多少”，下面例子的目的就是回答它。

我们需要一个关于温度的函数，称为 $p(t)$，并将其取值限定在 0 和 1 之间（这样能模拟一个概率），并且随着温度的升高它的取值从 1 向 0 开始变化。这样的函数其实有很多，当然最受欢迎的要数逻辑函数了。

$$p(t)=\frac{1}{1+e^{\beta t}}$$

在这个模型中，β 是个我们不确定的变量。在图 2.2.11 中，展示了当 β 取值为 1、3、−5 时函数的形式。

```
figsize(12, 3)

def logistic(x, beta):
return 1.0 / (1.0 + np.exp(beta * x))

x = np.linspace(-4, 4, 100)
plt.plot(x, logistic(x, 1), label=r"$\beta = 1$")
plt.plot(x, logistic(x, 3), label=r"$\beta = 3$")
plt.plot(x, logistic(x, -5), label=r"$\beta = -5$")
plt.xlabel("$x$")
plt.ylabel("Logistic function at $x$")
plt.title("Logistic function for different $\beta$ values")
plt.legend();
```

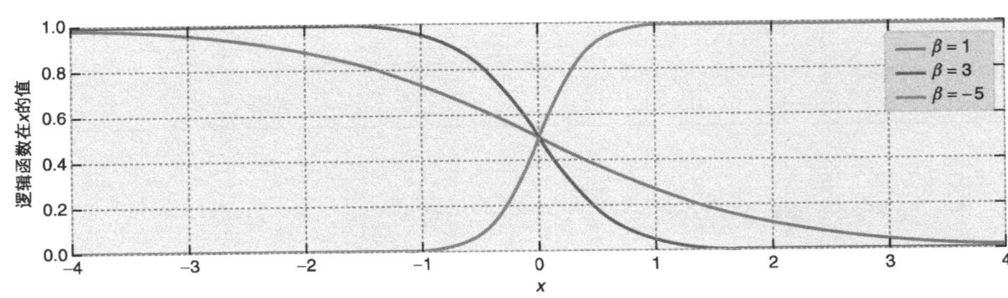

图 2.2.11　不同 β 取值时的逻辑函数

但是这里忽略了一个问题。在逻辑函数的图中，概率只在 0 附近发生变化，但是在我们的挑战者号数据中，如图 2.2.10 所示，概率变化大致在 65 到 70 华氏温度之间。所以对我们的逻辑函数需要增加一个偏移项。

$$p(t)=\frac{1}{1+e^{\beta t+\alpha}}$$

图 2.2.12 展示了带有不同 α 值的逻辑函数。

```
def logistic(x, beta, alpha=0):
    return 1.0 / (1.0 + np.exp(np.dot(beta, x) + alpha))
x = np.linspace(-4, 4, 100)

plt.plot(x, logistic(x, 1), label=r"$\beta = 1$", ls="--", lw=1)
plt.plot(x, logistic(x, 3), label=r"$\beta = 3$", ls="--", lw=1)
plt.plot(x, logistic(x, -5), label=r"$\beta = -5$", ls="--", lw=1)

plt.plot(x, logistic(x, 1, 1), label=r"$\beta = 1, \alpha = 1$",
         color="#348ABD")
plt.plot(x, logistic(x, 3, -2), label=r"$\beta = 3, \alpha = -2$",
         color="#A60628")
plt.plot(x, logistic(x, -5, 7), label=r"$\beta = -5, \alpha = 7$",
         color="#7A68A6")
plt.title("Logistic function for different $\beta$ and\
          $\alpha$ values")
plt.xlabel("$x$")
plt.ylabel("Logistic function at $x$")
plt.legend(loc="lower left");
```

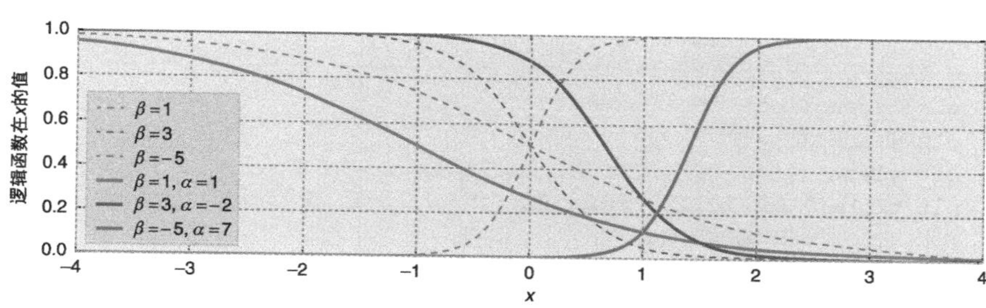

图 2.2.12 不同 α 和 β 取值时的逻辑函数

给常数项 α 赋予不同的值，逻辑函数的曲线发生了向左或者向右的偏移。

下面开始在 PyMC 中进行模拟，对于 α 和 β 取值并没有限定要为正数，或者在某个范围内要相对的大，所以对它们用正态随机变量模拟是最合适不过的了。

2.2.11 正态分布

一个正态分布用 $X \sim N(\mu,1/\tau)$ 表示，它带有两个参数：均值 μ 和精准度 τ。熟悉正态分布的读者应该已经发现这里用 $1/\tau$ 代替了 σ^2。实际上它们是互为倒数的。这种改变主要是因为这样能简化数据分析。只要记住：τ 越小，分布越宽（即我们越不能确定）；τ 越大，分布越窄（即我们越能确定）。不管怎么样，τ 永远为正数。

一个服从 $N(\mu,1/\tau)$ 的随机变量的概率密度函数如下：

$$f(x|\mu,\tau)=\sqrt{\frac{\tau}{2\pi}}\text{Exp}\left(-\frac{\tau}{2}(x-\mu)^2\right)$$

图 2.2.13 展示了正态分布的不同密度函数。

```
import scipy.stats as stats

nor = stats.norm
x = np.linspace(-8, 7, 150)
mu = (-2, 0, 3)
tau = (.7, 1, 2.8)
colors = ["#348ABD", "#A60628", "#7A68A6"]
parameters = zip(mu, tau, colors)

for _mu, _tau, _color in parameters:
    plt.plot(x, nor.pdf(x, _mu, scale=1./_tau),
             label="$\mu = %d,\;\\tau = %.1f$" % (_mu, _tau),
             color=_color)
plt.fill_between(x, nor.pdf(x, _mu, scale=1./_tau), color=_color,
                 alpha=.33)

plt.legend(loc="upper right")
plt.xlabel("$x$")
plt.ylabel("Density function at $x$")
plt.title("Probability distribution of three different Normal random \
        variables");
```

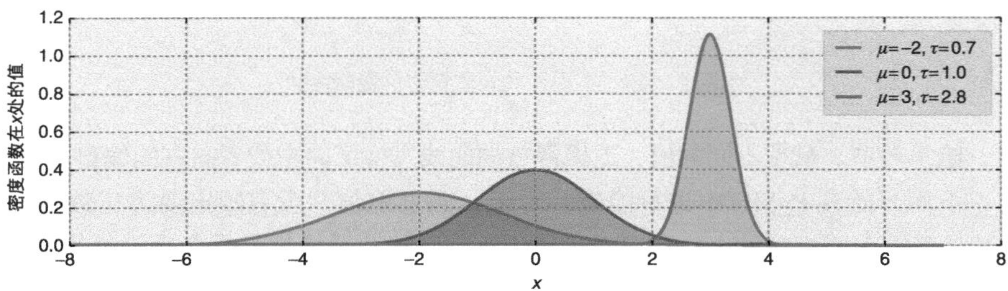

图 2.2.13 三种不同正态随机变量的概率分布

一个正态随机变量可以为任何实数，但是它的取值一般会接近 μ。事实上，一个正态分布的期望值是等于参数 μ 的。

$$E[X|\mu,\tau]=\mu$$

并且它的方差为 τ 的倒数：

$$\mathrm{Var}(X|\mu,\tau)=\frac{1}{\tau}$$

接下来继续模拟挑战者号航天飞机。

```
import pymc as pm

temperature = challenger_data[:, 0]
D = challenger_data[:, 1] # defect or not?

# Notice the "value" here. We will explain it later.
beta = pm.Normal("beta", 0, 0.001, value=0)
alpha = pm.Normal("alpha", 0, 0.001, value=0)

@pm.deterministic
def p(t=temperature, alpha=alpha, beta=beta):
    return 1.0 / (1. + np.exp(beta*t + alpha))
```

我们有我们的概率值，但是怎么将它们与我们的观测数据联系起来呢？这里可以使用伯努利随机变量，之前在 2.2.3 节中有介绍过。这样我们的模型看起来如下：

$$\text{发生缺陷事件，} D_i \sim \text{Ber}(p(t_i)), i=1, \cdots, N$$

其中 $p(t)$ 是我们的逻辑函数（取值严格限制在 0 到 1 之间），t_i 是我们观察到的温度值。注意在代码中我们将 α 和 β 取值设置为 0，这样做的原因是，如果 α 和 β 取值很大的话，会使得 p 值等于 0 或者 1。不幸的是，虽然它们是数学上定义的很好的概率，但是 pm.Bernoulli 不太接受 0 或者 1 这样的概率值。所以把系数设置为 0，我们将 p 值设置为了一个合理的初始值。这既不会对我们的结果造成影响，也不意味着在我们的先验中增加任何的额外信息。它仅仅是 PyMC 中的一个计算性申明。

```
p.value
```

```
[Output]:

array([ 0.5, 0.5, 0.5, 0.5, 0.5, 0.5, 0.5, 0.5, 0.5, 0.5, 0.5,
        0.5, 0.5, 0.5, 0.5, 0.5, 0.5, 0.5, 0.5, 0.5, 0.5, 0.5,
        0.5])
```

```
# Connect the probabilities in "p" with our observations through a
# Bernoulli random variable.
observed = pm.Bernoulli("bernoulli_obs", p, value=D, observed=True)

model = pm.Model([observed, beta, alpha])
```

```
# mysterious code to be explained in Chapter 3
map_ = pm.MAP(model)
map_.fit()
mcmc = pm.MCMC(model)
mcmc.sample(120000, 100000, 2)
```

```
[Output]:

[-----------------100%-----------------] 120000 of 120000 complete
   in 15.3 sec
```

我们已经从观测数据上调整好了我们的模型，现在我们可以从后验中抽样。让我们看看 α 和 β 的后验分布情况，在图 2.2.14 中描绘出来。

```
alpha_samples = mcmc.trace('alpha')[:, None] # best to make them 1D
beta_samples = mcmc.trace('beta')[:, None]

figsize(12.5, 6)

# histogram of the samples
plt.subplot(211)
plt.title(r"Posterior distributions of the model parameters \
          $\alpha, \beta$")
plt.hist(beta_samples, histtype='stepfilled', bins=35, alpha=0.85,
         label=r"posterior of $\beta$", color="#7A68A6", normed=True)
plt.legend()

plt.subplot(212)
plt.hist(alpha_samples, histtype='stepfilled', bins=35, alpha=0.85,
         label=r"posterior of $\alpha$", color="#A60628", normed=True)
plt.xlabel("Value of parameter")
plt.xlabel("Density")
plt.legend();
```

所有 β 的抽样都大于 0。如果不是这样，而是所有的后验都在 0 周围，那么我们会猜测 β=0，即意味着温度对事故的发生的概率没有任何影响。同样地，可以看到 α 的后验取值基本都为负数而且离 0 远远的，这意味着有理由相信 α 是显著比 0 小的。考虑到数据的分布，我们对参数的真实取值是不太确定的（当然考虑到样本集比较小，以及发生缺陷和没有缺陷事件的大量重叠，得到这样的结果是正常的）。

接下来，看看对既定的温度取值的期望概率，即我们对所有后验样本取均值，得到一个比较像样的 $p(t_i)$。

```
t = np.linspace(temperature.min() - 5, temperature.max()+5, 50)[:, None]
p_t = logistic(t.T, beta_samples, alpha_samples)

mean_prob_t = p_t.mean(axis=0)
```

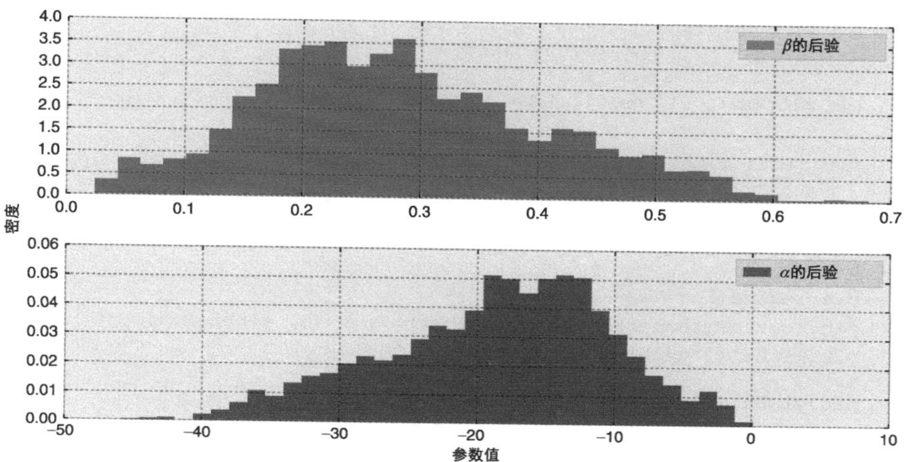

图 2.2.14 模型中参数 α 和 β 的后验分布

```
figsize(12.5, 4)

plt.plot(t, mean_prob_t, lw=3, label="average posterior \nprobability \
      of defect")
plt.plot(t, p_t[0, :], ls="--", label="realization from posterior")
plt.plot(t, p_t[-2, :], ls="--", label="realization from posterior")
plt.scatter(temperature, D, color="k", s=50, alpha=0.5)
plt.title("Posterior expected value of the probability of defect, \
        including two realizations")
plt.legend(loc="lower left")
plt.ylim(-0.1, 1.1)
plt.xlim(t.min(), t.max())
plt.ylabel("Probability")
plt.xlabel("Temperature");
```

在图 2.2.15 中，为了解真实的底层系统是怎么样的，我们对两种可能的实现作图。这两条曲线彼此相像。图中蓝色的曲线是我们将所有 2000 个可能的点取平均连接起来的结果。

一个有趣的问题是：在哪个温度时我们对缺陷发生的概率最不能确定？图 2.2.16，展示了期望值的曲线和每个点对应的 95% 的置信区间（CI）。

```
from scipy.stats.mstats import mquantiles

# vectorized bottom and top 2.5% quantiles for "credible interval"
qs = mquantiles(p_t, [0.025, 0.975], axis=0)
```

```
plt.fill_between(t[:, 0], *qs, alpha=0.7,
                 color="#7A68A6")

plt.plot(t[:, 0], qs[0], label="95% CI", color="#7A68A6", alpha=0.7)

plt.plot(t, mean_prob_t, lw=1, ls="--", color="k",
         label="average posterior \nprobability of defect")

plt.xlim(t.min(), t.max())
plt.ylim(-0.02, 1.02)
plt.legend(loc="lower left")
plt.scatter(temperature, D, color="k", s=50, alpha=0.5)
plt.xlabel("Temperature, $t$")

plt.ylabel("Probability estimate")
plt.title("Posterior probability of estimates, given temperature $t$");
```

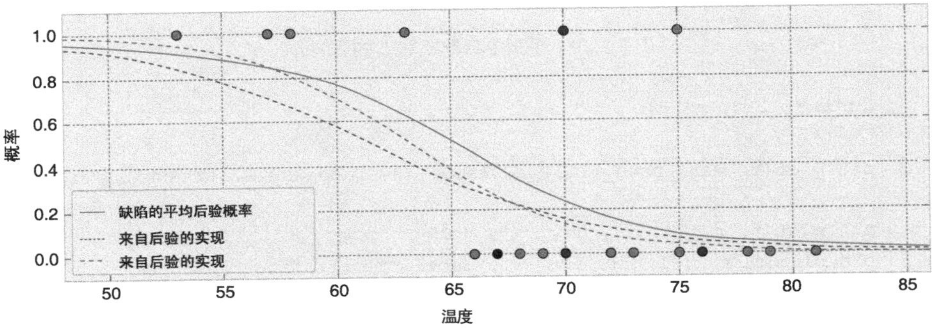

图 2.2.15　发生缺陷概率的后验期望值，包括两种实现

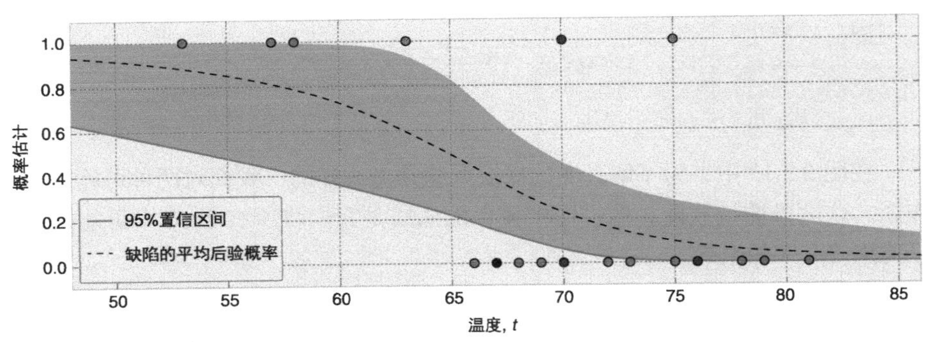

图 2.2.16　给定温度 t，估计值的后验概率

95% 置信区间，或者称 95% CI，在图中用紫色显示，对每一个温度值，它都包含了 95% 的分布。例如，在 65 度时，我们可以有 95% 的把握说发生缺陷的概率在

0.25 和 0.75 之间。这和频率派的置信区间不同，它们俩的理解方式是不一样的。

更通俗地说，我们可以看到在 60 度的时候，CI 值在 [0，1] 之间分散得很快。而过了 70 度的时候，CI 值又重新聚拢了。这对我们后面的理解是有帮助的，为了在此区间内得到更好的估计我们可能需要在 60 到 65 度之间对 O 型圈做更多的试验。类似的，当我们向科学家汇报我们的估计值，如果简单地告诉他们期望的概率可能是不够的，因为我们可以看到这并不能反映后验分布到底有多宽。

2.2.12 挑战者号事故当天发生了什么？

在挑战者号事故发生的当天，室外温度为 31 华氏度。在这个温度下，缺陷发生的后验发布是怎么样的呢？图 2.2.17 展示了它的分布。从图中可以看出挑战者号 O 型圈发生缺陷几乎是必然的。

```
figsize(12.5, 2.5)

prob_31 = logistic(31, beta_samples, alpha_samples)

plt.xlim(0.995, 1)
plt.hist(prob_31, bins=1000, normed=True, histtype='stepfilled')
plt.title("Posterior distribution of probability of defect,
         given $t = 31$")
plt.ylabel("Density")
plt.xlabel("Probability of defect occurring in O-ring");
```

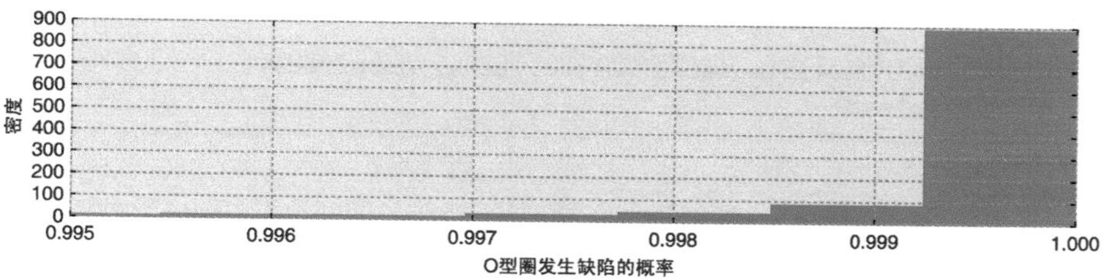

图 2.2.17 在 t=31 时，缺陷发生的后验概率分布

2.3 我们的模型适用吗？

持怀疑态度的读者可能会说：“你故意为 $p(t)$ 选择了逻辑函数和特定的先验。可能其他的函数和先验会产生不同的结果。那我怎么知道我选择了一个好的模型呢？”确实是这样的。考虑到一种极端的情况，如果我选择的函数对所有 t 都有

$p(t)$=1，这样保证了在每一个温度都会发生 O 型圈缺陷呢？这样的话我会又一次地预见在 28 号事故的发生。但这显然是一个非常不好的模型。另一方面，如果我为 $p(t)$ 选择的依然是逻辑函数，但是指定所有的先验值都聚集在 0 周围，这样我们会得到一个非常不同的后验分布结果。我们怎么才能知道我们的模型正确地表达了数据呢？这些都说明我们有必要度量模型的**拟合优度**，或者说度量模型对观测值拟合的好坏程度。

我们的模型拟合得好不好应该怎么检验呢？一种方法是比较我们的观测数据（为一个固定的随机变量）和我们模拟的人工数据。依据就是如果模拟的数据在统计意义上与我们的观测数据不相似，那么说明我们的模型不能精准地代表我们的观测数据。

在本章的前面部分，我们模拟了短信接收实例的人工数据。为此，我们从先验中抽样（即我们从一个不匹配数据的模型中抽样）。我们看到了各种各样的产生的数据集，而且和我们的观测数据相似处很少。回到现在这个例子中，我们从后验分布中产生相似的数据集。幸运的是，在贝叶斯的框架下，这个很容易实现。我们简单地创建一个跟我们存储观测值的变量一样类型的随机型变量，并且减去观测值本身。回忆一下，存储观测数据的随机变量形式如下：

```
observed = pm.Bernoulli("bernoulli_obs", p, value=D, observed=True)
```

因此我们初始化以下变量，以模拟真实数据集（模拟结果见图 2.3.1）：

```
simulated_data = pm.Bernoulli("simulation_data", p)

simulated = pm.Bernoulli("bernoulli_sim", p)
N = 10000

mcmc = pm.MCMC([simulated, alpha, beta, observed])
mcmc.sample(N)
```

```
[Output]:

[-----------------100%-----------------] 10000 of 10000 complete
   in 2.4 sec
```

```
figsize(12.5, 5)

simulations = mcmc.trace("bernoulli_sim")[:].astype(int)
print "Shape of simulations array: ", simulations.shape

plt.title("Simulated datasets using posterior parameters")
figsize(12.5, 6)
for i in range(4):
    ax = plt.subplot(4, 1, i+1)
    plt.scatter(temperature, simulations[1000*i, :], color="k",
                s=50, alpha=0.6);
```

```
[Output]:

Shape of simulations array: (10000, 23)
```

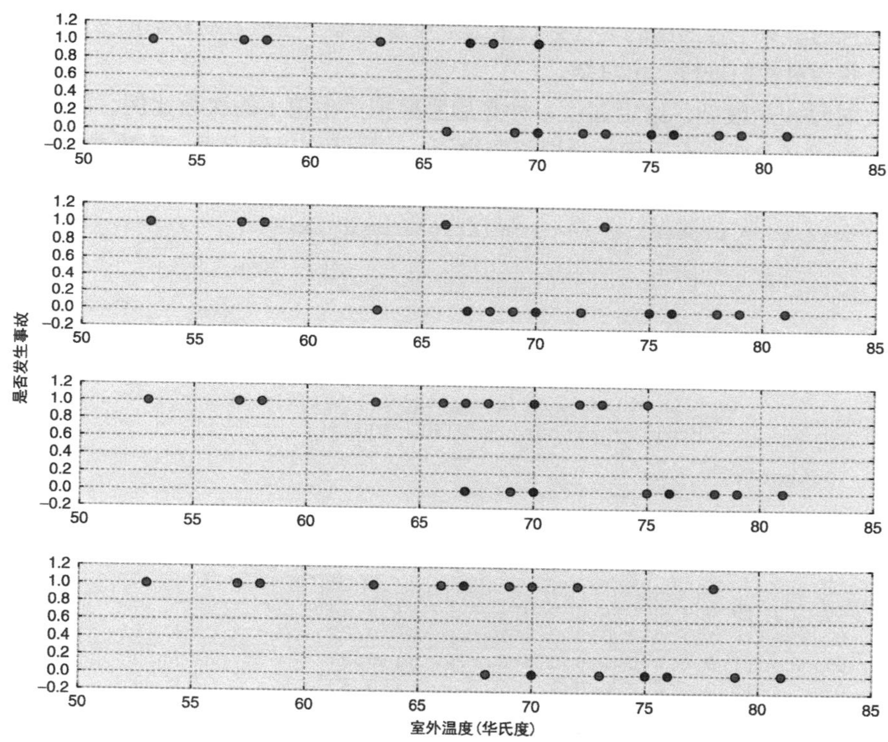

图 2.3.1 利用后验参数模拟的数据集

注意图 2.3.1 中的散点图是不一样的，因为它们的底层数据是不一样的。虽然事实上这些数据集来自于同一个底层模型：统计上一致，但样子随机。这些数据集从统计上看起来是不是和我们的原始观测数据很相似呢?

我们希望评估出模型模拟得究竟有多好。当然，“好”是一个主观的词，所以结果必须是相对于其他模型来说的。

我们将以作图的方式完成这件事情，虽然看起来会更加不客观。另一种方法是使用**贝叶斯 p 值**，它是我们模型的一种概率汇总，有点类似于频率派的 p 值。贝叶斯 p 值依然是主观的，就像给好与坏定义一个明确的界限是武断的。Gelman 强调说图的检验方法比 p 值的方式更加的直观易懂。对此我很同意。

分离图

下面的图形测试是一种用于逻辑回归拟合的新型数据可视化方法。这种图被称为**分离图**。分离图可以让用户用一种图形化的方法对比不同的模型并从中选出最适合的。对于分离图的大部分技术细节可以参考一些很容易获取的文章，但是这里我会对他们进行一个总结。

对每一个模型，给定温度，计算后验模拟产生值 1 的次数比例，即估计 $P($Defect $= 1|t)$，对所有返回的模拟值取均值。这样我们得到在每一个数据点上发生缺陷的后验可能。例如，对之前的模型：

```
posterior_probability = simulations.mean(axis=0)

print "Obs. | Array of Simulated Defects\
        | Posterior Probability of Defect | Realized Defect "
for i in range(len(D)):
    print "%s | %s | %.2f                        | %d" %\
        (str(i).zfill(2),str(simulations[:10,i])[:-1] + "...]".ljust(12),
         posterior_probability[i], D[i])
```

```
[Output]:

Obs. | Array of Simulated Defects | Posterior        | Realized
                                  | Probability      | Defect
                                  | of Defect
00   | [0 0 1 0 0 1 0 0 0 1...]   | 0.45             |  0
01   | [0 1 1 0 0 0 0 0 0 1...]   | 0.22             |  1
02   | [1 0 0 0 0 0 0 0 0 0...]   | 0.27             |  0
03   | [0 0 0 0 0 0 0 1 0 1...]   | 0.33             |  0
04   | [0 0 0 0 0 0 0 0 0 0...]   | 0.39             |  0
05   | [1 0 1 0 0 1 0 0 0 0...]   | 0.14             |  0
06   | [0 0 1 0 0 0 1 0 0 0...]   | 0.12             |  0
07   | [0 0 0 0 0 0 1 0 0 1...]   | 0.22             |  0
08   | [1 1 0 0 1 1 0 0 1 0...]   | 0.88             |  1
09   | [0 0 0 0 0 0 0 0 0 1...]   | 0.65             |  1
10   | [0 0 0 0 0 1 0 0 0 0...]   | 0.22             |  1
11   | [0 0 0 0 0 0 0 0 0 0...]   | 0.04             |  0
12   | [0 0 0 0 0 1 0 0 0 0...]   | 0.39             |  0
13   | [1 1 0 0 0 1 1 0 0 1...]   | 0.95             |  1
14   | [0 0 0 0 1 0 0 1 0 0...]   | 0.39             |  0
15   | [0 0 0 0 0 0 0 0 0 0...]   | 0.08             |  0
16   | [0 0 0 0 0 0 0 0 1 0...]   | 0.23             |  0
17   | [0 0 0 0 0 0 1 0 0 0...]   | 0.02             |  0
18   | [0 0 0 0 0 0 0 1 0 0...]   | 0.06             |  0
19   | [0 0 0 0 0 0 0 0 0 0...]   | 0.03             |  0
20   | [0 0 0 0 0 0 0 1 1 0...]   | 0.07             |  1
21   | [0 1 0 0 0 0 0 0 0 0...]   | 0.06             |  0
22   | [1 0 1 1 0 1 1 1 0 0...]   | 0.86             |  1
```

接下来我们根据后验概率对每一列进行排序。

```
ix = np.argsort(posterior_probability)
print "Posterior Probability of Defect | Realized Defect"
for i in range(len(D)):
    print "%.2f                            |   %d" %
        (posterior_probability[ix[i]], D[ix[i]])
```

```
[Output]:

Posterior Probability of Defect | Realized Defect
0.02                            |   0
0.03                            |   0
0.04                            |   0
0.06                            |   0
0.06                            |   0
0.07                            |   1
0.08                            |   0
0.12                            |   0
0.14                            |   0
0.22                            |   1
0.22                            |   0
0.22                            |   1
0.23                            |   0
0.27                            |   0
0.33                            |   0
0.39                            |   0
0.39                            |   0
0.39                            |   0
0.45                            |   0
0.65                            |   1
0.86                            |   1
0.88                            |   1
0.95                            |   1
```

我们可以在一个图中更好地展示这些数据。我将它们打包进图 2.3.2 的一个 separation_plot 函数。

```
from separation_plot import separation_plot

figsize(11, 1.5)
separation_plot(posterior_probability, D)
```

蛇形线表示排序后的后验概率，蓝色柱子表示真实发生的缺陷，空的地方（或者对乐观的读者来说是灰色柱子）表示没有发生缺陷。随着概率的升高，我们可以看到越来越多事故的发生。这幅图表明，后验概率越大（线越接近 1），实际上发生的缺陷越多。这种行为是比较符合预期的。理想情况下，所有的蓝色柱子都应该靠近右手边，和这种情况的背离反映出了预测的失误。

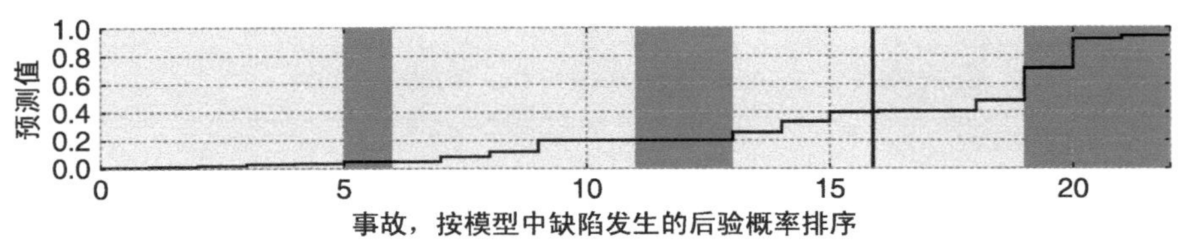

图 2.3.2　基于温度的模型

图中黑色的垂直线位于给定模型下，我们应该观察到的缺陷发生的期望数量（计算方式可以参见 2.5 补充说明）处。这样读者可以看到相对于数据中真实发生的数量，模型中事故发生总量有多少不同。

将这个分离图与其他模型的分离图对比可以得到更多的信息。在图 2.3.3 ~ 2.3.6 中，我们将我们的模型与其他 3 个模型做对比：

1. 完美的预测模型，如果缺陷确实发生将后验概率设置为 1，如果没有发生设置为 0。

2. 一种完全随机的模型，它忽视温度的变化随机产生概率值。

3. 一种常数模型，其中 $P(D=1|t)=c$，$\forall t$。c 的最好的选择是在这个场景中发生缺陷的观测频率——7/23。

```
figsize(11, 1.25)

# our temperature-dependent model
separation_plot(posterior_probability, D)
plt.title("Our Bayesian temperature-dependent model")

# perfect model
# (the probability of defect is equal to if a defect occurred or not)
p = D
separation_plot(p, D)
plt.title("Perfect model")

# random predictions
p = np.random.rand(23)
separation_plot(p, D)
plt.title("Random model")
```

```
# constant model
constant_prob = 7./23*np.ones(23)
separation_plot(constant_prob, D)
plt.title("Constant-prediction model");
```

在随机模型中，我们看到随着概率的增加，并没有在右手边出现缺陷的聚集。这和常数模型是类似的。

在完美模型中（图 2.3.4），概率线并没有得到很好的展示，因为它出现在图的顶部或者图的底部。当然这个完美模型仅仅是用于展示，我们不能从它上面得到很好的科学推断。

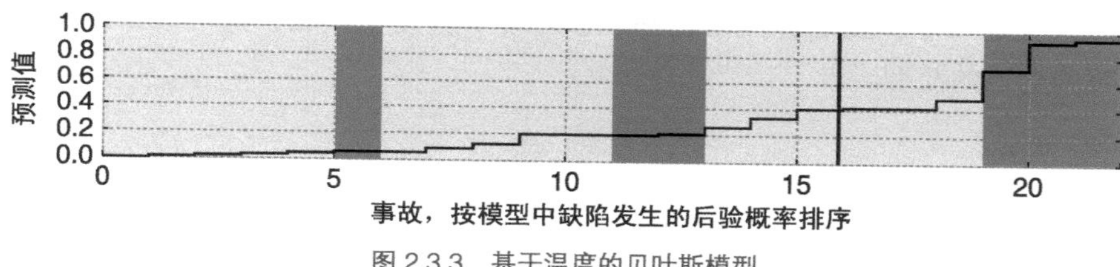

图 2.3.3 基于温度的贝叶斯模型

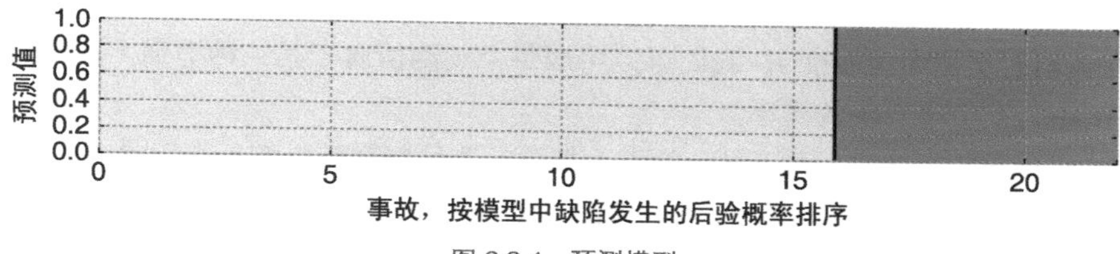

图 2.3.4 预测模型

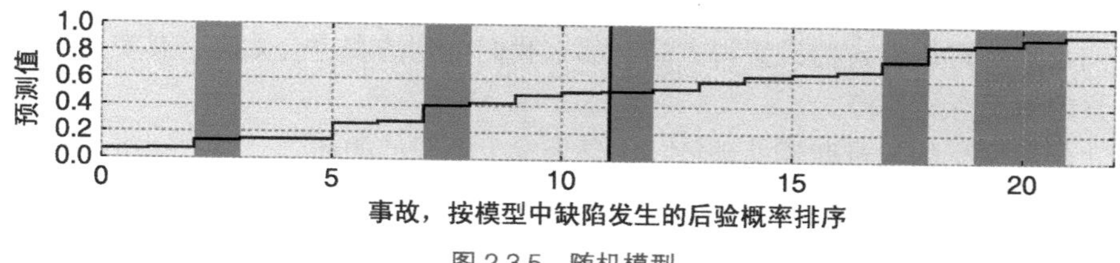

图 2.3.5 随机模型

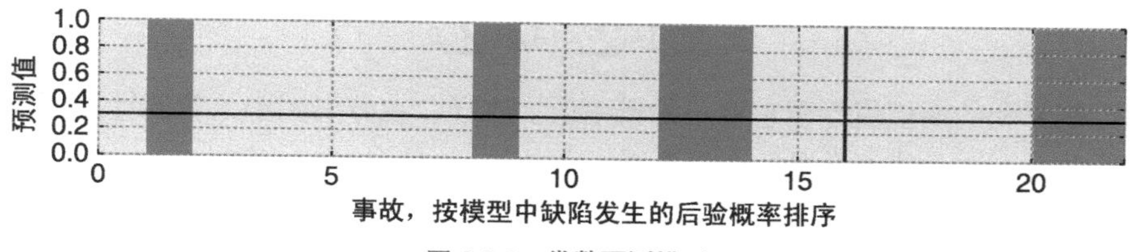

图 2.3.6 常数预测模型

2.4　结论

在本章中，我们回顾了构建 PyMC 模型的语法，温习了贝叶斯模型的构建逻辑，并且研究了一些实际的例子：利用隐私算法的 A/B 测试和挑战者号事故。

本章中的模型基于假定大家对分布的使用有基本的了解，而且这对后续的贝叶斯建模来说是很重要的。像我之前说的，分布是构建贝叶斯模型的一块基石，所以我们最好能对它们有较好的掌握。当选择分布时，犯错误是正常的，但是 PyMC 会原谅我们；如果有错误出现，通过 PyMC 是很容易发现的。如果真的发生错误，最好就是重新梳理一下我们选择的分布。

在第 3 章中，我们会探索在 PyMC 环境下会发生什么，这可以帮助我们找出更为合适的模型。

2.5　补充说明

给定一个拟合模型，缺陷发生的期望值（更通俗地说，即某种类别的事件发生的期望数）是怎么计算的呢？假定有 N 个观测值，每个都有一个特定的类别（在我们的实例中为温度），我们可以生成每个观测值属于某一种类别（在我们的实例中为发生事故）的概率。

可以设想每个观测值（用 i 索引）都是一个伯努利随机变量，用 B_i 表示。在我们的模型中：B_i=1（即我们是正确的）的概率为 p_i，B_i=0（即我们是错误的）的概率为 1-p_i，其中 p_i 为将第 i 个观测值放入模型中返回的概率值。在我们的模型中，这些伯努利值之和就等于属于某一个类别的事件发生的次数。例如，如果我们系统地将每个 p_i 值设置得太高，那么我们得到的和也会太高，其实这与实际观察的情况有所偏离。

缺陷发生的数量期望就是每一次是否发生期望值的和

$$S=\sum_{i=0}^{N} X_i$$

$$E[S]=\sum_{i=0}^{N} E[X_i]=\sum_{i=0}^{N} p_i$$

因为伯努利的期望值等于它取 1 的概率值。这样，在分离图中，我们计算概率之和，并且在这个值上设置一个垂直线。

对应交叉验证这一步是在验证测试数据之前完成的。它是训练过程中的一部分，可以用来检验不同模型的拟合优度。

2.6 习题

1. 试着在作弊的实例中加入一些极端的值，如果我们观察到 25 个“是的”回答，结果会怎么样？如果是 10 个，或者是 50 个呢？

2. 试着对样本 α 和 β 作图。结果为什么是这样？

2.7 答案

1. 假设我们没有观察到一个肯定的回答，这就非常的极端。这意味着在第一次抛硬币结果为正面朝上的人都没有作弊，而第一次抛硬币结果为正面朝下的第二次抛的结果仍然为正面朝下。如果我们计算模型，就会发现仍然有一些后验分布在远离 0 的位置，为什么会这样？原因在于，根据我们的设定，一个作弊者可能会在第一次抛硬币的时候为反面，这样我们就没法知道他真实的答案。这样一来即便结果是 0 个人作弊，但还是可能有作弊者。而我们的后验分布计算的是作弊者真实的概率，为此模型在概率非 0 的位置具有一定的分布。与此类似，如果我们看到 100 个人作弊，后验分布在非 1 的位置上也会有一定的比例。

2.
```
figsize(12.5, 4)

plt.scatter(alpha_samples, beta_samples, alpha=0.1)
plt.title("Why does the plot look like this?")
plt.xlabel(r"$\alpha$")
plt.ylabel(r"$\beta$")
```

第3章 打开MCMC的黑盒子

3.1 贝叶斯景象图

前两章向读者隐藏了 PyMC 的内部机理，概括地说就是马尔科夫链蒙特卡洛（MCMC）。本章引入该内容主要有三方面原因。其一，任何一本讲贝叶斯推断的书必会讨论 MCMC，对此我无能为力，只能怨统计学家了。其二，了解 MCMC 的过程能让你知悉算法是否收敛。（收敛到何处？我们随后会讨论。）其三，可以让我们明白为何要把上千个后验样本作为解，当然一开始我们会觉得这很奇怪。

对于一个含有 N 个未知元素的贝叶斯推断问题，我们隐式地为其先验分布创建了一个 N 维空间。先验分布上某一点的概率，都投射到某个高维的面或曲线上，其形状由先验分布决定。比如，假定有两个未知元素 p_1、p_2，其先验分布都是（0，5）上的均匀分布，那么先验分布存在于一个边长为 5 的正方形空间，而其概率面就是正方形上方的一个平面（由于假定了均匀分布，因此每一点概率相同），如图 3.1.1 所示。

```
%matplotlib inline
import scipy.stats as stats
from matplotlib import pyplot as plt
from IPython.core.pylabtools import figsize
import numpy as np
figsize(12.5, 4)
plt.rcParams['savefig.dpi'] = 300
plt.rcParams['figure.dpi'] = 300

import matplotlib.pyplot as plt
from mpl_toolkits.mplot3d import Axes3D

jet = plt.cm.jet
fig = plt.figure()
```

```
x = y = np.linspace(0, 5, 100)
X, Y = np.meshgrid(x, y)

plt.subplot(121)
uni_x = stats.uniform.pdf(x, loc=0, scale=5)
uni_y = stats.uniform.pdf(y, loc=0, scale=5)
M = np.dot(uni_x[:, None], uni_y[None, :])
im = plt.imshow(M, interpolation='none', origin='lower',
                cmap=jet, vmax=1, vmin=-.15, extent=(0, 5, 0, 5))

plt.xlim(0, 5)
plt.ylim(0, 5)
plt.title("Overhead view of landscape formed by Uniform priors")

ax = fig.add_subplot(122, projection='3d')
ax.plot_surface(X, Y, M, cmap=plt.cm.jet, vmax=1, vmin=-.15)
ax.view_init(azim=390)
ax.set_xlabel('Value of $p_1$')
ax.set_ylabel('Value of $p_2$')
ax.set_zlabel('Density')
plt.title("Alternate view of landscape formed by Uniform priors");
```

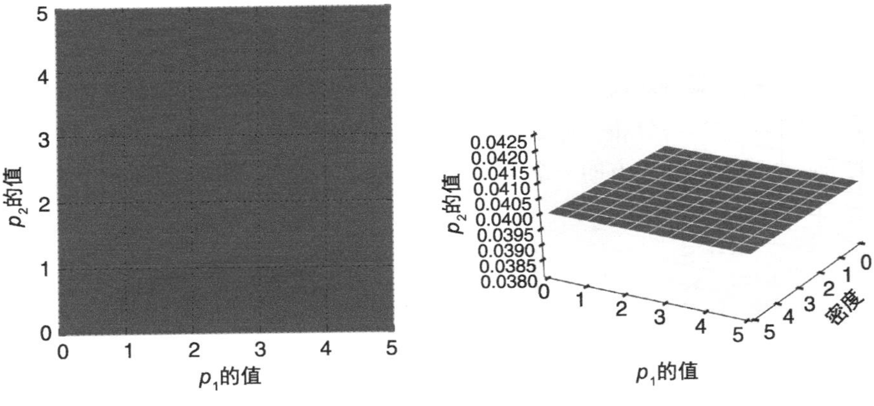

图3.1.1　左图：均匀先验分布概率面的俯视图。右图：均匀先验的另一种视图

换一个例子，如果p_1、p_2的先验分布为Exp(3)和Exp(10)，那么对应的空间便是二维平面上，各维都取正值确定的范围，而对应的概率面的形状就是一个从（0，0）点向正值方向流淌的瀑布。

图3.1.2描绘了这一情形，其中颜色越是趋向于暗红的位置，其先验概率越高。反过来，颜色越是趋向于深蓝的位置，其先验概率越低。

```
figsize(12.5, 5)
fig = plt.figure()
plt.subplot(121)

exp_x = stats.expon.pdf(x, scale=3)
exp_y = stats.expon.pdf(x, scale=10)
M = np.dot(exp_x[:, None], exp_y[None, :])
CS = plt.contour(X, Y, M)
im = plt.imshow(M, interpolation='none', origin='lower',
                cmap=jet, extent=(0, 5, 0, 5))
plt.title("Overhead view of landscape formed by $Exp(3),\
          Exp(10)$ priors")

ax = fig.add_subplot(122, projection='3d')
ax.plot_surface(X, Y, M, cmap=jet)
ax.view_init(azim=390)
ax.set_xlabel('Value of $p_1$')
ax.set_ylabel('Value of $p_2$')
ax.set_zlabel('Density')
plt.title("Alternate view of landscape\nformed by $Exp(3),\
          Exp(10)$ priors");
```

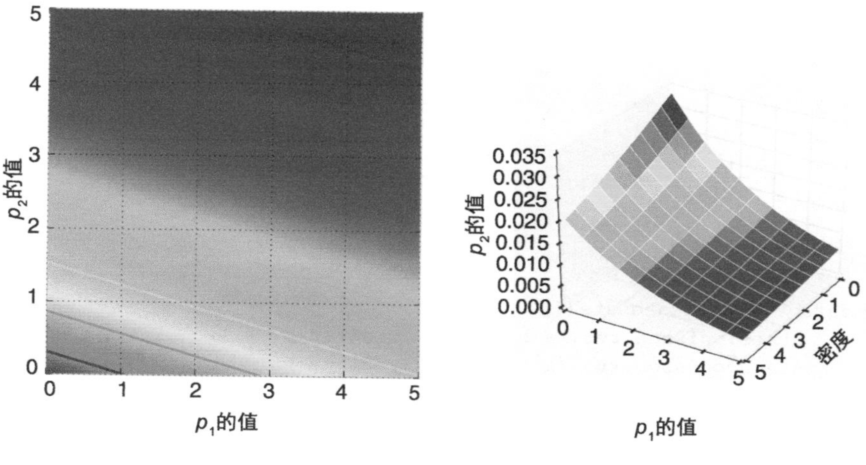

图 3.1.2 左图：Exp(3) 和 Exp(10) 的指数先验形成的概率面的俯视图。右图：指数先验的另一种视图

这些二维空间的例子很简单，我们的大脑可以轻松地理解。而实际运用中，先验分布所在的空间和其概率面往往具有更高的维度。

如果概率面描述了未知变量的先验分布，那么在得到观测样本以后，先验所在的空间会有什么变化呢？实际上，观测样本对空间不会有影响，但它会改变概率面的形状，将其在某些局部区域拉伸或挤压，以表明参数的真实值在哪里。更多的数据意味对概率面更多的拉伸与挤压，使得最初的概率面形状变得不像样子。反之数据越少，那么最初的形状保留得越好。不管如何，最后得到的概率面描述了后验分布的形状。

不幸的是，我必须再次强调，在高维空间上，这些变化都难以可视化。在二维空间上，这些拉伸、挤压的结果是形成了几座山峰。而形成这些局部山峰的作用力会受到先验分布的阻挠，先验概率越小意味着阻力越大。因而在之前的双指数先验的例子里，一座（或几座）形成于（0，0）点的山峰会远高于（5，5）点的山峰，因为在（5，5）的阻力更大（先验概率更小）。这些山峰的位置说明，从后验分布上看，各未知变量的真实值可能在哪儿。有一点很重要需注意，如果某处的先验概率为 0，那么在这一点上也推不出后验概率。

假如我们现在想对两个参数为 λ 的泊松分布进行估计。那么我们将要分别比较用均匀分布与用指数分布来对 λ 的先验分布进行假设的不同效果。图 3.1.3 显示了在获得一个观察值前后的不同景象。

```
## Create the Observed Data

# sample size of data we observe, try varying this (keep it
# less than 100)
N = 1

# the true parameters, but of course we do not see
# these values...
lambda_1_true = 1
lambda_2_true = 3

# ...we see the data generated, dependent on the preceding
# two values
data = np.concatenate([
    stats.poisson.rvs(lambda_1_true, size=(N, 1)),
    stats.poisson.rvs(lambda_2_true, size=(N, 1))
], axis=1)
print "observed (2-dimensional,sample size = %d):" % N, data

# plotting details
x = y = np.linspace(.01, 5, 100)
likelihood_x = np.array([stats.poisson.pmf(data[:, 0], _x)
                        for _x in x]).prod(axis=1)
likelihood_y = np.array([stats.poisson.pmf(data[:, 1], _y)
                        for _y in y]).prod(axis=1)
L = np.dot(likelihood_x[:, None], likelihood_y[None, :])
```

```
[Output]:

observed (2-dimensional, sample size = 1): [[0 6]]
```

```
figsize(12.5, 12)
# matplotlib heavy lifting follows-beware!
plt.subplot(221)
uni_x = stats.uniform.pdf(x, loc=0, scale=5)
uni_y = stats.uniform.pdf(x, loc=0, scale=5)
M = np.dot(uni_x[:, None], uni_y[None, :])
im = plt.imshow(M, interpolation='none', origin='lower',
                cmap=jet, vmax=1, vmin=-.15, extent=(0, 5, 0, 5))
plt.scatter(lambda_2_true, lambda_1_true, c="k", s=50,
            edgecolor="none")
plt.xlim(0, 5)
plt.ylim(0, 5)
plt.title("Landscape formed by Uniform priors on $p_1, p_2$")

plt.subplot(223)
plt.contour(x, y, M * L)
im = plt.imshow(M * L, interpolation='none', origin='lower',
                cmap=jet, extent=(0, 5, 0, 5))
plt.title("Landscape warped by %d data observation;\
          \nUniform priors on $p_1, p_2$" % N)
plt.scatter(lambda_2_true, lambda_1_true, c="k", s=50,
            edgecolor="none")
plt.xlim(0, 5)
plt.ylim(0, 5)

plt.subplot(222)
exp_x = stats.expon.pdf(x, loc=0, scale=3)
exp_y = stats.expon.pdf(x, loc=0, scale=10)
M = np.dot(exp_x[:, None], exp_y[None, :])

plt.contour(x, y, M)
im = plt.imshow(M, interpolation='none', origin='lower',
                cmap=jet, extent=(0, 5, 0, 5))
plt.scatter(lambda_2_true, lambda_1_true, c="k", s=50,
            edgecolor="none")
plt.xlim(0, 5)
plt.ylim(0, 5)
plt.title("Landscape formed by Exponential priors on $p_1, p_2$")

plt.subplot(224)
# This is the likelihood times prior that results in
# the posterior.
```

```
plt.contour(x, y, M * L)
im = plt.imshow(M * L, interpolation='none', origin='lower',
                cmap=jet, extent=(0, 5, 0, 5))

plt.scatter(lambda_2_true, lambda_1_true, c="k", s=50,
            edgecolor="none")
plt.title("Landscape warped by %d data observation;\
        \nExponential priors on \ $p_1, p_2$" % N)
plt.xlim(0, 5)
plt.ylim(0, 5)
plt.xlabel('Value of $p_1$')
plt.ylabel('Value of $p_2$');
```

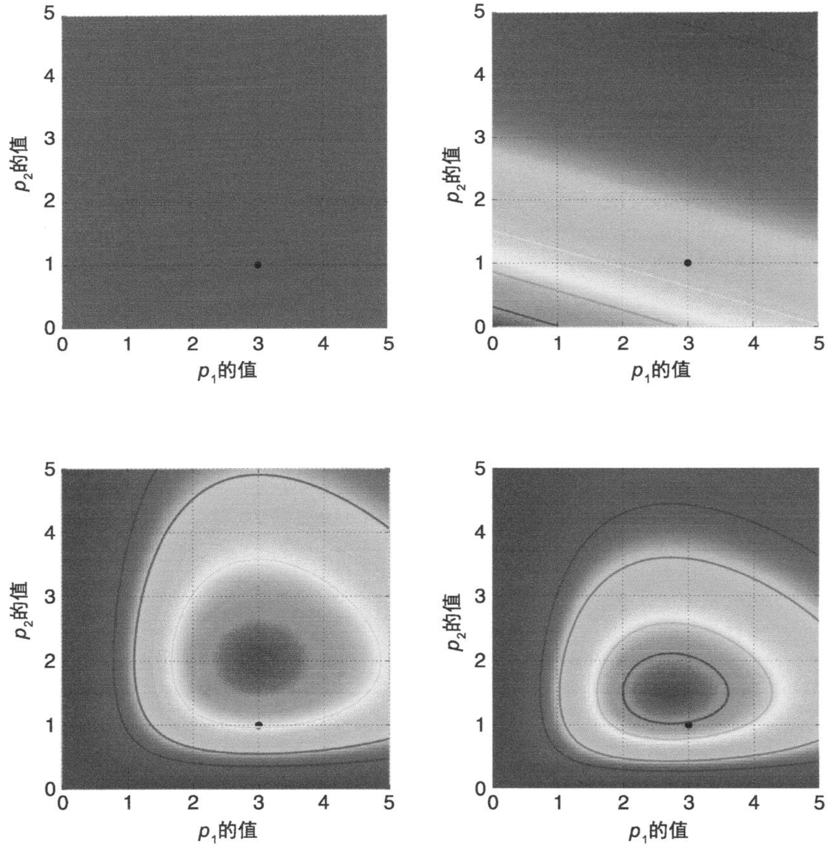

图 3.1.3 左上图：由均匀先验 p_1 和 p_2 形成的图形。右上图：由指数先验 p_1 和 p_2 形成的图形。左下图：均匀先验形成的图形被一个观测值扭曲的结果。右下图：指数先验形成的图形被一个观测值扭曲的结果

四张图里的黑点代表参数的真实取值，左下图为均匀先验得到的后验分布图形，右下图为指数先验得到的后验分布图形。我们注意到，虽然观测值相同，两种假设下得到的后验分布却有不同的图形。为何会如此呢？我们发现，右下方的指数先验对应的后验分布图形中，右上角区域的取值很低，原因是假设的指数先验在这一区域的取值也较低。另一方面，均匀先验的图形在右上角区域的取值较高，不错，这也是因为均匀先验在该区域的取值相比指数先验更高。

还需注意到，在指数先验的图形中，最高的山峰，也就是红色最深的地方，向（0，0）点偏斜，原因就是指数先验在这一角落的取值更高。看到没，即便只有一个观测值，形成的山峰也试图要包含参数值的真实位置。当然了，仅用一个观测值就想做推断太天真了，选择如此小的样本只是为了阐述方便而已。如果你愿意自己尝试改变样本量（试试 2、5、10、100）来观察后验分布上山峰的变化，那就太棒了。

3.1.1 使用 MCMC 来探索景象图

要想找到后验分布上的那些山峰，我们需要对整个后验空间进行探索，这一空间是由先验分布的概率面以及观测值一起形成的。任何一个计算机科学家都会立刻告诉你，遍历一个 N 维空间的复杂度将随着 N 呈指数增长，即随着 N 增加，N 维空间的大小将迅速爆发（参考维基百科 wikipedia 上的维度灾难问题）。那我们哪还有希望找到这些隐藏着的山峰呢？其实，MCMC 背后的思想就是如何聪明地对空间进行搜索。用“搜索”这个词或许并不准确，它暗示我们要找到某个点，而实际上我们是要去找一大片山峰。

回忆一下，MCMC 的返回值是后验分布上的一些样本点，而非后验分布本身。为了充分利用前面关于山峰的比喻，我们可以把 MCMC 的过程想象成不断重复地问一块石头：“你是不是来自我要找的那座山？”并试图用上千个给肯定答案的石头来重塑那座山，最后将它们返回并大功告成。在 MCMC 和 PyMC 的术语里，这些返回序列里的“石头”就是样本，累积起来称之为“**迹**”。

当我说 MCMC 在做“聪明的搜索”，我实际上是说，我们希望 MCMC 搜索的位置能收敛到后验概率最高的区域。为此，MCMC 每次都会探索附近位置上的概率值，并朝着概率值增加的方向前进。收敛通常暗指朝着空间的某一个点移动，而 MCMC 则朝着空间里的一大块区域移动，并绕着它随机游走，顺便从区域中采集样本。

为何是上千的样本？起初，在用户看来，返回上千的样本来描述一个后验分布是一种效率很低的做法。而在我看来，这么做反而很高效。想想其他几种可能的做法：

1. 可以返回数学公式来表达“山峰所在的范围”，但要是这么做，其实就是用公式来描述含有任意山峰和山谷的 N 维面，这可不容易。

2. 也可以返回图形里的峰顶（也就是山峰上的最高点），这种方法在数学上是可行的，也挺好理解（毕竟这些顶点对应了关于未知量的估计里最可能的取值），但却忽视了图形的形状，而我们前面说了，这些形状对于判定未知变量的后验概率来说，非常关键。

返回上千样本的做法，除了计算上的考虑以外，最大的原因还在于如此一来，我们就可以轻松地运用“大数定律”来处理棘手的问题。这些会留到第 4 章讨论。我们将这上千个样本放到一个直方图里，由此便重新生成了后验分布的概率面。

3.1.2 MCMC 算法的实现

MCMC 可以由一系列的算法实现。从整体上看，这些算法大多可以描述为以下几步：

1. 从当前位置开始。
2. 尝试移动一个位置（即前面例子里的捡起一块石头）。
3. 根据新的位置是否服从于观测数据和先验分布，来决定采纳 / 拒绝这次移动（问石头是否来自于那座山）。
4. （a）如果采纳，那就在新的位置，重复第 1 步。
   （b）如果不采纳，那么留在原处，并重复第 1 步。
5. 在大量迭代之后，返回所有采纳的点。

这样，我们就从整体上向着后验分布所在的方向前进，并沿途谨慎地收集样本。而一旦我们达到了后验分布所在的区域，我们就可以轻松地采集更多样本，因为那里的点几乎都位于后验分布的区域里。

一般来说，MCMC 起始于（典型的就是随机选择一个位置）概率值很低的区域，此刻算法移动的方向未必是朝后验分布所在的区域，但肯定是附近可选范围里最好的一个。因而算法移动的最初几步并不能很好地反映后验的情况。我们会在后面专门讨论。

我们注意到，在前面的算法里，每一次移动仅与当前位置有关（总是在当前位置的附近进行尝试）。我们将这一特性称之为“无记忆性”，即算法并不在乎如何达到当前位置，只要达到即可。

3.1.3 后验的其他近似解法

除了 MCMC，还有另外一些可以寻找后验分布的方法。比如拉普拉斯近似法，就是一种用简单的函数来对后验进行近似的方法。还有更高级的变分贝叶斯法。所有这三种方法——拉普拉斯近似、变分贝叶斯、经典 MCMC 都各有利弊。本书仅集中讨论 MCMC 方法。话虽如此，我有个朋友总说 MCMC 方法烂，烂透了。对于 PyMC 使用的具有别样风味的 MCMC 算法，他的评价只有一个字：烂。

3.1.4 实例：使用混合模型进行无监督聚类

假如给定以下数据集：

```
figsize(12.5, 4)
data = np.loadtxt("data/mixture_data.csv", delimiter=",")

plt.hist(data, bins=20, color="k", histtype="stepfilled", alpha=0.8)
plt.title("Histogram of the dataset")
plt.ylim([0, None])
plt.xlabel('Value')
plt.ylabel('Count')
print data[:10], "..."
```

```
[Output]:

[ 115.8568 152.2615 178.8745 162.935 107.0282 105.1914 118.3829
   125.377 102.8805 206.7133] ...
```

那么这些数据说明什么？在图 3.1.4 里，似乎可以看出数据具有双模的形式。也就是说，图中看起来有两个峰值，一个在 120 附近，另一个在 200 附近。那么数据里可能存在两个聚类簇。

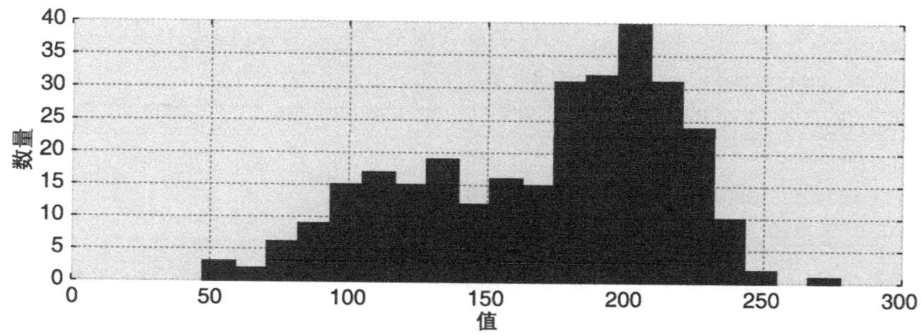

图 3.1.4 数据直方图

这个数据集是第 2 章讲述的数据生成模型技术的一个很好的例子。我们可以想想这些数据是如何生成的。我提出的是如下的生成算法：

1. 对于每个点，选择一个聚类簇，其中选到聚类簇 1 的概率是 p，选到聚类簇 2 的概率为 1-p。

2. 以参数为 μ_i 和 σ_i 的正态分布生成一个变量值，其中 i 来自第 1 步的选择结果。

3. 重复以上过程。

用这个算法生成数据的效果会与给定的数据集类似，因而我们选它为模型。当然，我们并不知道概率 p 和正态分布的参数。所以我们必须估计或学习这些未知量。

用 Nor_0 和 Nor_1 来表示两个正态分布（下标从 0 开始符合 Python 的习惯）。两者的均值和标准差都是未知量，分别用 μ_i 和 σ_i（$i = 0，1$）表示。任意一点都可能来自 Nor_0 或 Nor_1，我们假定来自 Nor_0 的概率为 p。这是一个先验，由于我们并不知道来自 Nor_0 的实际概率，我们只能做个预先的假设，于是我们用 0-1 上的均匀分布对此进行建模。我们称该先验为 p。

为数据点选择一个聚类簇的方法恰好适合用 PyMC 的 Categorical 随机变量来实现。该变量的参数为一个长度为 k 的数组，数组的每个元素都是一个概率值，它们加起来为 1。该变量的取值是从 0 到 k-1 之间随机挑选的整数，取哪个值的概率由参数决定（在我们的例子里，k=2）。因此，我们给 Categorical 变量传入的概率数组为 [p，1-p]

```
import pymc as pm

p = pm.Uniform("p", 0., 1.)

assignment = pm.Categorical("assignment", [p, 1 - p],
                            size=data.shape[0])
print "prior assignment, with p = %.2f:" % p.value
print assignment.value[:10], "..."
```

```
[Output]:

prior assignment, with p = 0.80:
[0 0 0 0 0 0 1 1 0 0] ...
```

从前面给的数据集上看，我会猜测两个正态分布具有不同的标准差。为了继续假装并不知道两个标准差分别是多少，我们先用 0 到 100 上的均匀分布对其进行建模。实际上我们讨论的是 τ，即正态分布的精度，但是用标准差来说明问题更容易理解。

在 PyMC 程序中需要将标准差通过公式转化为精度

$$\tau=\frac{1}{\sigma^2}$$

这需要一行代码：

```
taus = 1.0 / pm.Uniform("stds", 0, 100, size=2) ** 2
```

注意我们令参数 size=2，表示两个位置变量 τ 都由单个 PyMC 变量来建模。这一形式并不意味着两个 τ 之间有何必要联系，这样写只是为了简洁。此外，我们还需要两个聚类簇中心点的先验分布，这两个中心点的位置其实就是正态分布的参数 μ。虽然对肉眼的估计不那么有信心，但从数据形状上看，我还是猜测这两个点可能在 μ_0 =120 和 μ_1 =190 的位置附近，因此我令 μ_0 =120，μ_1=190，$\sigma_{0,1}$=10（回忆一下，PyMC 里输入的是 τ，也即 $1/\sigma^2$=0.01）。

```
taus = 1.0 / pm.Uniform("stds", 0, 33, size=2) ** 2
centers = pm.Normal("centers", [120, 190], [0.01, 0.01], size=2)

"""
The following deterministic functions map an assignment, in this
case 0 or 1, to a set of parameters, located in the (1,2) arrays
"taus" and "centers".
"""
@pm.deterministic
def center_i(assignment=assignment, centers=centers):
    return centers[assignment]

@pm.deterministic
def tau_i(assignment=assignment, taus=taus):
    return taus[assignment]

print "Random assignments: ", assignment.value[:4], "..."
print "Assigned center: ", center_i.value[:4], "..."
print "Assigned precision: ", tau_i.value[:4], "..."
```

```
[Output]:

Random assignments: [0 0 0 0] ...
Assigned center: [ 118.9889 118.9889 118.9889 118.9889] ...
Assigned precision: [ 0.0041 0.0041 0.0041 0.0041] ...
```

```
# We combine it with the observations.
observations = pm.Normal("obs", center_i, tau_i, value=data,
                         observed=True)
```

```
# Now we create a model class.
model = pm.Model([p, assignment, taus, centers])
```

PyMC 用主命名空间下的 MCMC 类来实现 MCMC 搜索算法。MCMC 的初始化需要传入一个 model 实例。

```
mcmc = pm.MCMC(model)
```

函数 pm.sample(iterations) 用于执行 MCMC 的空间探索算法。其中，参数 iterations 指明希望算法执行的步数。比如下面的代码执行 50 000 步。

```
mcmc = pm.MCMC(model)
mcmc.sample(50000)
```

```
[Output]:

[-----------------100%-----------------] 50000 of 50000 complete
   in 31.5 sec
```

图 3.1.5 描绘了未知元素（中心点、精度和 p）目前经过的路径（也称为迹）。要想得到迹，可以通过向 MCMC 对象的 trace 方法中传入想要获取的 PyMC 变量名称的方式。例如，mcmc.trace("centers") 返回的是表示 center 变量迹的 trace 对象，该对象可以直接用下标索引（可以用 [:] 或 .gettrace() 取得所有的迹，或用 [1000:] 这样的高级索引进行查询）。

```
figsize(12.5, 9)
plt.subplot(311)
line_width = 1
center_trace = mcmc.trace("centers")[:]

# for pretty colors later in the book
colors = ["#348ABD", "#A60628"]
if center_trace[-1, 0] < center_trace[-1, 1]:
    colors = ["#A60628", "#348ABD"]

plt.plot(center_trace[:, 0], label="trace of center 0",
         c=colors[0], lw=line_width)
plt.plot(center_trace[:, 1], label="trace of center 1",
         c=colors[1], lw=line_width)
plt.title("Traces of unknown parameters")
leg = plt.legend(loc="upper right")
leg.get_frame().set_alpha(0.7)

plt.subplot(312)
std_trace = mcmc.trace("stds")[:]
```

```
plt.plot(std_trace[:, 0], label="trace of standard deviation of
        cluster 0", c=colors[0], lw=line_width)
plt.plot(std_trace[:, 1], label="trace of standard deviation of
        cluster 1", c=colors[1], lw=line_width)
plt.legend(loc="upper left")

plt.subplot(313)
p_trace = mcmc.trace("p")[:]
plt.plot(p_trace, label="$p$: frequency of assignment
        to cluster 0", color="#467821", lw=line_width)
plt.xlabel("Steps")
plt.ylim(0, 1)
plt.ylabel('Value')
plt.legend();
```

注意图 3.1.5 有以下特点：

1. 这些迹并非收敛到某一点，而是收敛到满足一定分布下，概率较大的点集。这就是 MCMC 算法里收敛的涵义。

2. 最初的几千个点与最终的目标分布关系不大，所以使用这些点参与估计并不明智。聪明的做法是剔除这些点以后再执行估计。产生这些遗弃点的过程称为预热期。

3. 这些迹看起来像是在围绕空间中某一区域随机游走。这就是说它总是在基于之前的位置移动。这样的好处是确保了当前位置与之前位置存在直接、确定的联系。然而坏处就是太过于限制探索空间的效率。这些内容会在本章“收敛的判断”小节中讨论。

为达到进一步收敛的目的，我们会执行更多的 MCMC 采样。重启 MCMC 并不会重复整个过程，在之前的 MCMC 伪代码中可以看出，当前已走到的位置，可以代表之前的全部过程（后面的位置只与当前位置有关，与过去无关）。而当前位置的取值隐式地存于 PyMC 变量的 value 属性中。因而，可以放心地暂停 MCMC 采样，来观察它的进度，随后重启并且不用担心 value 属性被覆盖有什么问题。

图 3.1.6 中展示了 100 000 次以上 MCMC 采样的过程。

```
mcmc.sample(100000)
```

```
[Output]:

[-----------------100%-----------------] 100000 of 100000 complete
    in 60.1 sec
```

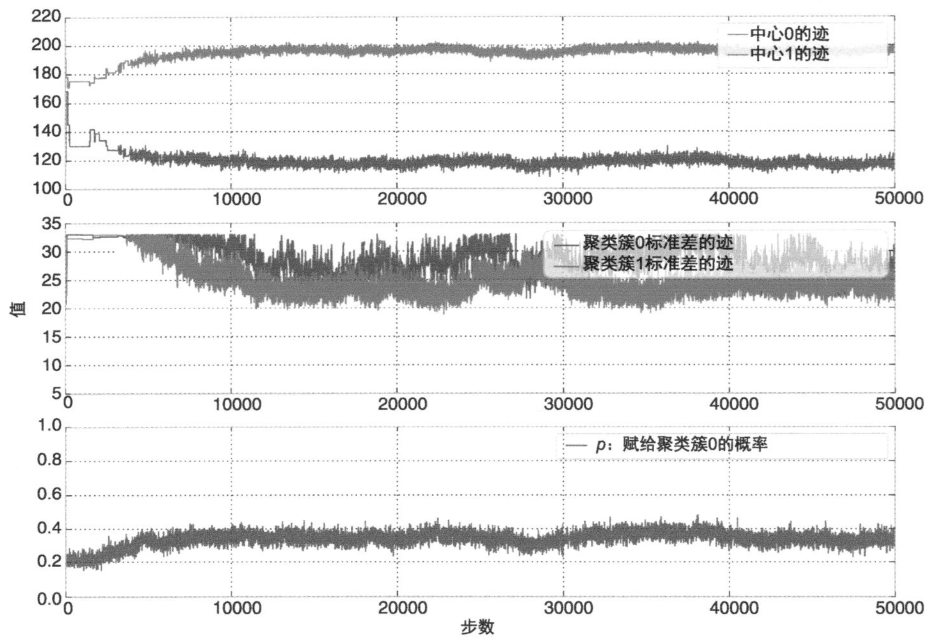

图 3.1.5　未知参数的迹

```
figsize(12.5, 4)
center_trace = mcmc.trace("centers", chain=1)[:]
prev_center_trace = mcmc.trace("centers", chain=0)[:]

x = np.arange(50000)
plt.plot(x, prev_center_trace[:, 0], label="previous trace of center 0",
         lw=line_width, alpha=0.4, c=colors[1])
plt.plot(x, prev_center_trace[:, 1], label="previous trace of center 1",
         lw=line_width, alpha=0.4, c=colors[0])

x = np.arange(50000, 150000)
plt.plot(x, center_trace[:, 0], label="new trace of center 0",
         lw=line_width, c="#348ABD")
plt.plot(x, center_trace[:, 1], label="new trace of center 1",
         lw=line_width, c="#A60628")

plt.title("Traces of unknown center parameters after\
         sampling 100,000 more times")
leg = plt.legend(loc="upper right")
```

```
leg.get_frame().set_alpha(0.8)
plt.ylabel('Value')
plt.xlabel("Steps");
```

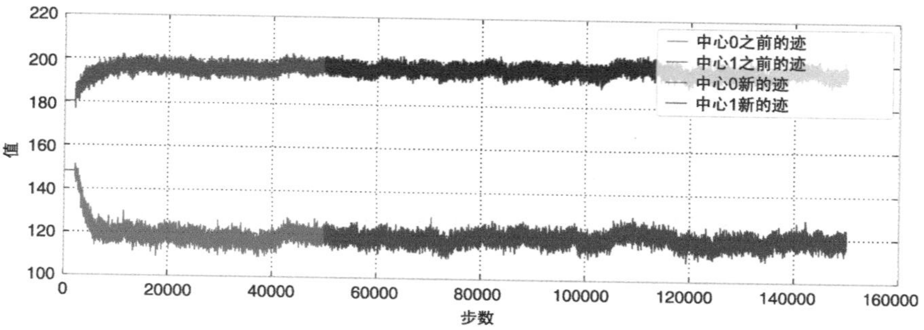

图 3.1.6 采样 100 000 次以上后未知中心参数的迹

在调用 MCMC 实例的 trace 方法时，可以通过传入参数 chain 来索引想要返回哪一次的 sample 调用的结果（通常我们要多次调用 sample，因此能够获取历史的采样信息是非常有用的）。默认情况下 chain 为 -1，表示返回最近一次的调用结果。

聚类研究 别忘了我们最大的挑战仍然是识别各个聚类，此刻我们已经估计出各个未知元素的后验分布了，我们把中心点和标准差的后验分布画在图 3.1.7 里。

```
figsize(11.0, 4)
std_trace = mcmc.trace("stds")[:]

_i = [1, 2, 3, 0]
for i in range(2):
    plt.subplot(2, 2, _i[2 * i])
    plt.title("Posterior distribution of center of cluster %d" % i)
    plt.hist(center_trace[:, i], color=colors[i], bins=30,
             histtype="stepfilled")

    plt.subplot(2, 2, _i[2 * i + 1])
    plt.title("Posterior distribution of standard deviation of cluster %d" % i)
    plt.hist(std_trace[:, i], color=colors[i], bins=30,
             histtype="stepfilled")
    plt.ylabel('Density')
    plt.xlabel('Value')

plt.tight_layout();
```

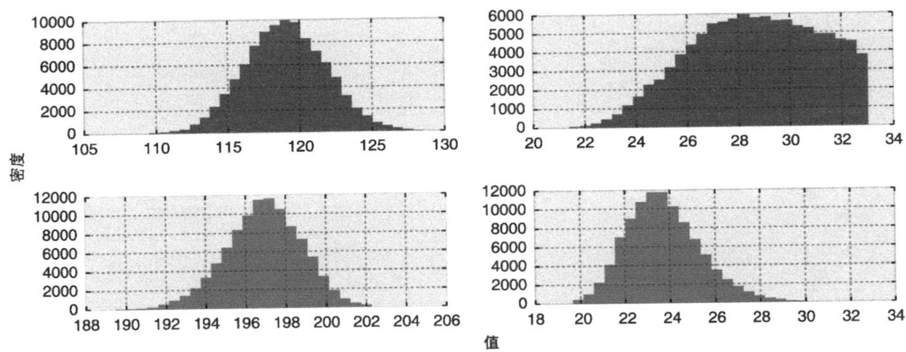

图 3.1.7　左上图：聚类簇 0 中心的先验分布。右上图：聚类簇 0 标准差的后验分布。左下图：聚类簇 1 中心的先验分布。右下图：聚类簇 1 标准差的后验分布

MCMC 算法已经估计出两个聚类簇最可能的中心点分别位于 120 和 200 附近，对标准差也进行了类似的估计。我们还得到各个数据点所属类别的后验分布，即 mcmc.trace("assignment") 的返回值。图 3.1.8 对此进行了可视化展示，其中 y 轴表示每个数据点在各次采样中的后验类别，x 轴为数据点取值的有序排列。红色表示所属类别为 1，蓝色表示所属类别为 0。

```
import matplotlib as mpl
figsize(12.5, 4.5)
plt.cmap = mpl.colors.ListedColormap(colors)
plt.imshow(mcmc.trace("assignment")[::400, np.argsort(data)],
           cmap=plt.cmap, aspect=.4, alpha=.9)
plt.xticks(np.arange(0, data.shape[0], 40),
       ["%.2f" % s for s in np.sort(data)[::40]])
plt.ylabel("Posterior sample")
plt.xlabel("Value of $i$th data point")
plt.title("Posterior labels of data points");
```

从图 3.1.8 上看，似乎在取值为 150 到 170 之间时，数据的所属类别最为不确定。但实际上这有点儿误导，因为 x 轴并非真正的值域（它只展示数据点的第 i 个有序值）。图 3.1.9 更直观地用频率展示了各个数据点所属类别的可能性。

```
cmap = mpl.colors.LinearSegmentedColormap.from_list("BMH",
       colors)
assign_trace = mcmc.trace("assignment")[:]
plt.scatter(data, 1 - assign_trace.mean(axis=0), cmap=cmap,
        c=assign_trace.mean(axis=0), s=50)
plt.ylim(-0.05, 1.05)
```

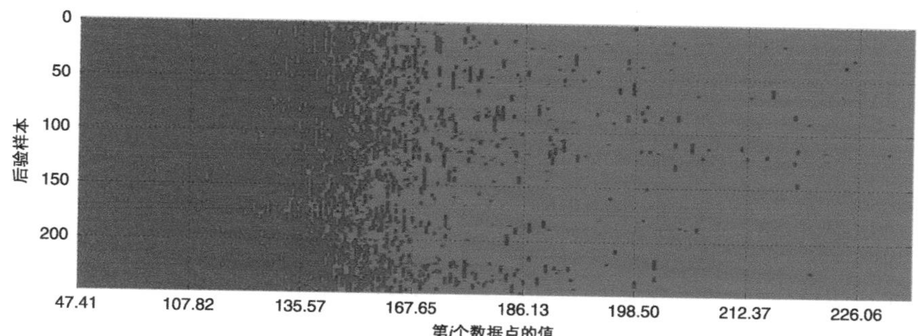

图 3.1.8 数据点的后验类别标签

```
plt.xlim(35, 300)
plt.title("Probability of data point belonging to cluster 0")
plt.ylabel("Probability")
plt.xlabel("Value of data point");
```

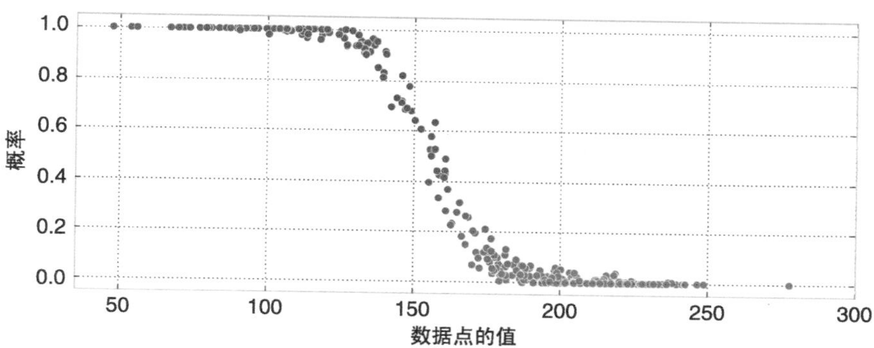

图 3.1.9 数据点属于类别 0 的概率

虽然用正态分布对两类数据进行了建模，我们仍然没有得到能够最佳匹配数据的正态分布（不管如何定义“最佳匹配”）。而是得到了关于正态分布各参数的分布。我们如何选择能够满足最佳匹配的参数——均值、方差呢？

一个简单粗暴的方法是选择后验分布的均值（第 5 章会阐述其美妙的理论性质）。图 3.1.10 中，我们以后验分布的均值作为正态分布的各参数的值，并将得到的正态分布与观测数据形状叠加到一起。

```
norm = stats.norm
x = np.linspace(20, 300, 500)
posterior_center_means = center_trace.mean(axis=0)
posterior_std_means = std_trace.mean(axis=0)
```

```
posterior_p_mean = mcmc.trace("p")[:].mean()

plt.hist(data, bins=20, histtype="step", normed=True, color="k",
        lw=2, label="histogram of data")
y = posterior_p_mean * norm.pdf(x, loc=posterior_center_means[0],
                                scale=posterior_std_means[0])
plt.plot(x, y, label="cluster 0 (using posterior-mean
        parameters)", lw=3)
plt.fill_between(x, y, color=colors[1], alpha=0.3)

y = (1 - posterior_p_mean) * norm.pdf(x,
                           loc=posterior_center_means[1],
                           scale=posterior_std_means[1])
plt.plot(x, y, label="cluster 1 (using posterior-mean
        parameters)", lw=3)
plt.fill_between(x, y, color=colors[0], alpha=0.3)

plt.legend(loc="upper left")
plt.title("Visualizing clusters using posterior-mean\
          parameters");
```

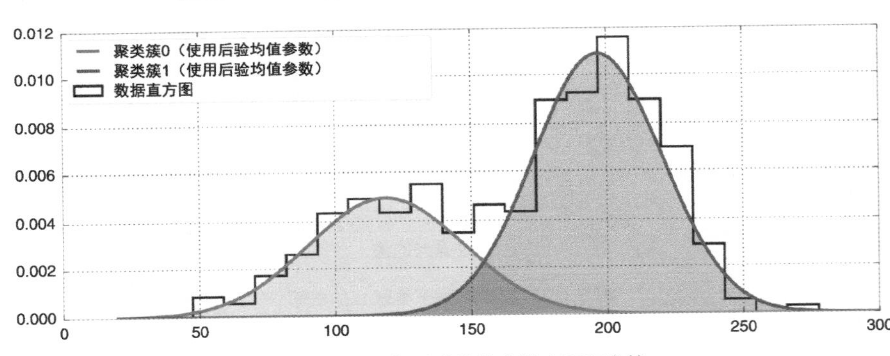

图 3.1.10 根据后验均值参数查看聚类簇

3.1.5 不要混淆不同的后验样本

在图 3.1.10 上，一个可能（即使可能性稍低）的情景是，类别 0 的标准差很大，而类别 1 的标准差很小，这种情况虽不如最初的估计，但也较为与数据集吻合。但若两个类别的分布都有很大的标准差，那么这就几乎不可能了。因为这与数据集的特点相去甚远。由此可知，两个分布的标准差是相互关联的：如果一方小，那么另一方必然大。实际上，所有未知量都有类似的相关性。比如，若标准差很大，那么均值可能的取值范围就更广，反之则均值会限于一个小范围的值域。

MCMC 的过程中会返回许多数组来表示对未知后验的各次采样值。由前面的相关性逻辑可知，不同的数组中，各元素不可混用。比方说，在某次采样中，类别 1 的标准差取值很小，那么在该次采样中其他变量的取值也会相应调整以保证其合理性。当然，要避免混用也很简单，只要保证使用正确的下标来索引迹即可。再用一个例子来阐述这一点。假如有两个变量 x，y，其相关性为 $x+y=10$。图 3.1.11 显示了以均值为 4 的正态随机变量对 x 建模的 500 次采样。

```
import pymc as pm

x = pm.Normal("x", 4, 10)
y = pm.Lambda("y", lambda x=x: 10 - x, trace=True)

ex_mcmc = pm.MCMC(pm.Model([x, y]))
ex_mcmc.sample(500)

plt.plot(ex_mcmc.trace("x")[:])
plt.plot(ex_mcmc.trace("y")[:])
plt.xlabel('Steps')
plt.ylabel('Value')
plt.title("Displaying (extreme) case of dependence between\
        unknowns");
```

```
[Output]:

[-----------------100%-----------------] 500 of 500 complete in 0.0 sec
```

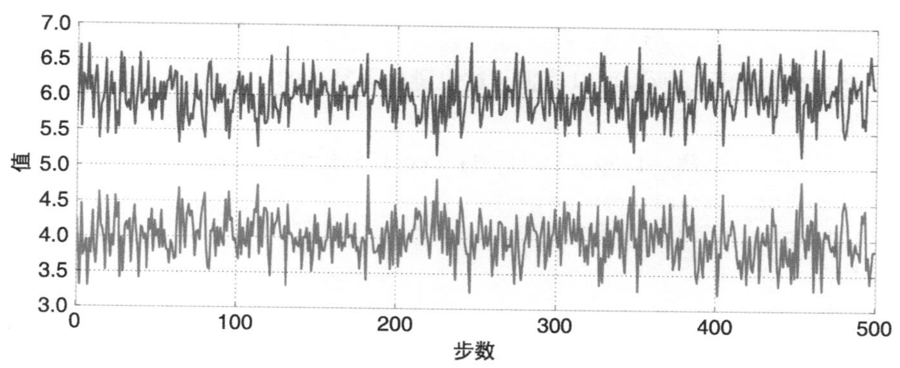

图 3.1.11 展示未知量直接相关性的极端情况

可以看出，两个变量并非无关，如果把 x 的第 i 个样本与 y 的第 j 个样本相加会得到错误的结果，除非 $i=j$。

回到聚类：预测问题 前面所说的 2 类聚类过程可以一般化为 k 类聚类问题。我们选择 $k=2$ 是为了能通过一些有意思的图像，对 MCMC 过程进行可视化分析。那么何为预测问题？

假使来一个新的观测数据 $x=175$，此时预测问题就是判断出 x 该属于哪一类。你当然可以选择离 x 最近的中心点所在的类，但这太蠢了，因为完全忽视了每个类别的标准差，这是很重要的，前面的例子已经说明这一点了。

我们可以用更正式一点的说法，即目标是得到观测数据（$x=175$）所属类别为 1 的概率值（要预测的并非一个确定的类别）。用 L_x 表示 x 所属类别，其取值为 0 或 1，那么目标即计算 $P(L_x=1|x=175)$。

解决预测问题，一个朴素的方法是将待预测的新数据附在已有数据集之后，重新执行整个 MCMC 过程。这么做的缺点是每次对新的观测数据进行预测都会非常耗时。另一种方法虽然不那么精确，却有不错的性能，即可以应用贝叶斯定理，你一定记得它的形式：

$$P(A|X)=\frac{P(X\mid A)P(A)}{P(X)}$$

在本例中，A 代表 $L_x=1$，X 代表观测数据（即 $x=175$）。我们关心的是，在任意后验分布的采样值（$\mu_0, \sigma_0, \mu_1, \sigma 1, p$）上，$x$ 属于类别 1 的概率是否大于属于类别 0 的概率。这与参数的取值直接相关。

$$P(L_x=1|x=175)>P(L_x=0|x=175)$$

$$\frac{P(x=175\mid L_x=1)P(L_x=1)}{P(x=175)}>\frac{P(x=175\mid L_x=0)P(L_x=0)}{P(x=175)}$$

两边分母相同，所以可以消去，这也避免了复杂的计算开销，即对 $P(x=175)$ 的计算。

$$P(x=175|L_x=1)P(L_x=1)>P(x=175|\ L_x=0)P(L_x=0)$$

```
norm_pdf = stats.norm.pdf
p_trace = mcmc.trace("p")[:]
x = 175

v = p_trace * norm_pdf(x, loc=center_trace[:, 0],
            scale=std_trace[:, 0]) > \
(1 - p_trace) * norm_pdf(x, loc=center_trace[:, 1],
            scale=std_trace[:, 1])

print "Probability of belonging to cluster 1:", v.mean()
```

```
[Output]:

Probability of belonging to cluster 1: 0.025
```

以概率而不是确定的类别为计算结果是很有用的，我们可以取代这种朴素的预测方式：

```
L = 1 if prob > 0.5 else 0
```

代之以一个更优的、结合损失函数的方法进行预测。整个第 5 章都围绕此展开。

3.1.6 使用 MAP 来改进收敛性

如果你自己尝试把前面的例子做一遍，可能会发现我们的结果并不一致。或许你的两个类更分离，或者更接近。问题在于得到的迹其实是 MCMC 算法起始值的函数。

从数学上可以证实，若让 MCMC 通过更多的采样运行得足够久，就可以忽略起始的位置。其实这就是 MCMC 收敛的定义（然而在实践中我们永远达不到完全收敛）。因而，如果我们看到不同的后验分析结果，那可能是因为 MCMC 还没充分地收敛，此时的样本还不适合用作分析（我们应该加大预热期）。实际上，错误的起始位置可能阻碍任何的收敛，或使之迟缓。理想情况下，我们希望起始位置就在分布图形的山峰处，因为这其实是后验分布的所在区域，如果以山峰为起点，就能避免很长的预热期以及错误的估计结果。通常，我们将山峰位置称为最大后验，或简称为 MAP。

当然 MAP 的真实位置是未知的。PyMC 提供了一个用于估计该位置的对象：PyMC 主命名空间下的 MAP 对象。它接受一个 PyMC model 对象作为初始化参数，并提供 fit() 函数将 model 对象里的变量值都置为其 MAP 估计值。

```
map_ = pm.MAP(model)
map_.fit()
```

MAP 的 fit() 使用起来很灵活，可以选择采用何种优化算法（毕竟，这是一个优化问题，即寻找地貌图上最大值的位置），尽管不同优化算法还是有所区别的。默认情况下，用的是 SciPy 的 fmin 算法（寻找地貌图上其负值最小的点）。还有一个可选的算法：Powell 方法。该方法深受 Abraham Flaxman——一个 PyMC 博主的喜爱（参见 healthyalgorithms 网站），调用方式是 fit(method='fmin_powell')。从我的经验来看，我使用默认的方法，但如果收敛速度很慢或难以收敛，我会尝试 Powell 方法。

MAP 也能直接当作估计问题的解，因为从数学上说它是未知量最可能的取值。但正如本章的早先指出的那样，这种单个点的解会忽略未知性，也无法得到分布形式的返回结果。

通常在调用mcmc之前，先执行MAP(model).fit()有益无害。fit函数本身开销并不大，但却能节省预热的时间。

说到预热期 即使在执行mcmc.sample之前以MAP为初值，为了稳妥考虑，最好还是应该准备一段预热期。可以在调用sample的时候通过指定参数burn来让PyMC自动丢弃前n个样本。由于不知道何时为完全收敛，我一般会指定丢弃前一半的样本，并且如果采样数很多，有时也会丢弃90%的样本。接上面聚类的例子，新的代码如下：

```
model = pm.Model([p, assignment, taus, centers])

map_ = pm.MAP(model)
map_.fit() # stores the fitted variables' values in foo.value

mcmc = pm.MCMC(model)
mcmc.sample(100000, 50000)
```

3.2 收敛的判断

3.2.1 自相关

自相关性用于衡量一串数字与自身的相关程度，1表示完美的正相关，0表示完全无关，-1表示完美的负相关。如果你熟悉相关性的标准定义，那么你会很容易理解自相关就是序列x_t在t时刻与t-k时刻的相关性。

$$R(k)=Corr(x_t,x_{t-k})$$

比如，考虑两个序列

$$x_t \sim \text{Normal}(0,1), x_0=0$$

$$y_t \sim \text{Normal}(y_{t-1},1), y_0=0$$

其路径示例如下：

```
figsize(12.5, 4)

import pymc as pm
x_t = pm.rnormal(0, 1, 200)
x_t[0] = 0
```

```
y_t = np.zeros(200)
for i in range(1, 200):
    y_t[i] = pm.rnormal(y_t[i - 1], 1)

plt.plot(y_t, label="$y_t$", lw=3)
plt.plot(x_t, label="$x_t$", lw=3)
plt.xlabel("Time, $t$")
plt.ylabel('Value')
plt.title("Two different series of random values")
plt.legend();
```

一种理解自相关性的方式是问："如果我处于一个序列在 s 时刻的位置，那我是否能容易地估计序列在 t 时刻的位置？" 序列 x_t 不是自相关的，它是由一系列随机变量构成的。已知 x_2=0.5 并不会有助于你猜出 x_3 等于多少。

而 y_t 是自相关的，从其生成方式看，如果已知 y_2=10，那么 y_3 的取值肯定离 10 不远。同样，也能猜到 y_4 不大可能取 0 或 20，取 5 的可能性稍大。进一步也可以猜测 y_5，但是已经无法很明确地做出估计了。由此逻辑可以得出结论，随着两点间 k（两点在序列上的时间间隔）增大，其自相关性递减。以上可以参照图 3.2.1，其中红色序列代表白噪声（非自相关），蓝色序列代表递归的形式（高度自相关）。

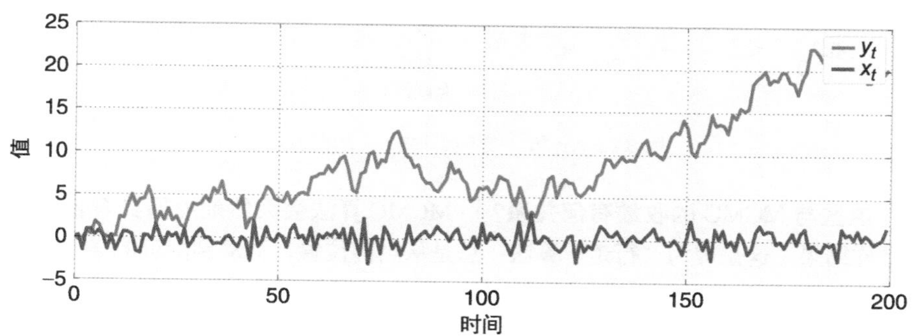

图 3.2.1 两个不同的随机值序列

```
def autocorr(x):
    # from http://tinyurl.com/afz57c4
    result = np.correlate(x, x, mode='full')
    result = result / np.max(result)
    return result[result.size / 2:]

colors = ["#348ABD", "#A60628", "#7A68A6"]
```

```
x = np.arange(1, 200)
plt.bar(x, autocorr(y_t)[1:], width=1, label="$y_t$",
        edgecolor=colors[0], color=colors[0])
plt.bar(x, autocorr(x_t)[1:], width=1, label="$x_t$",
        color=colors[1], edgecolor=colors[1])

plt.legend(title="autocorrelation")
plt.ylabel("Measured correlation \nbetween $y_t$ and $y_{t-k}$.")
plt.xlabel("$k$ (lag)")
plt.title("Autocorrelation plot of $y_t$ and $x_t$ for differing\
          $k$ lags");
```

在图 3.2.2 里，可以看到随着 k 增加，y_t 的自相关性从一个很大的值开始递减。相比之下，x_t 的自相关性看起来就像噪音（确实是噪音），因而可以推断 x_t 序列是非自相关的。

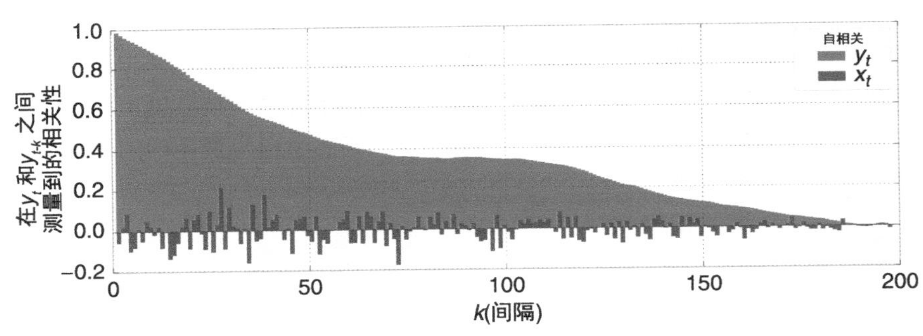

图 3.2.2 y_t 和 x_t 在不同间隔 k 下的自相关性

这些与 MCMC 的收敛有何关系？ MCMC 算法会天然地返回具有自相关性的采样结果（这是因为“行走”算法：总是从当前位置，移动到附近的某个位置）。

如果一次采样过程的探索效果很好，那么表现出的自相关性也会很高。从图像上看，如果采样的迹看起来像蜿蜒缓慢、流淌不停的河流，那么该过程的自相关性会很高。举例来说，我这样描述蜿蜒缓慢的河流：

想象你是图 3.2.3 里河流的一粒水分子。如果我知道你现在在什么位置，那么我可以较为精准地估计你下一步会在哪。而另一方面，如果过程的自相关性很低，那么我们称之为“高度融合”，这不只是一个称呼。理想情况下，过程会表现得如图 3.2.4 一样，此时很难估计你下一步的位置。这就是“高度融合”并且自相关性很低的例子。PyMC 的 Matplot 模块里有内置的自相关性的画图函数。

图 3.2.3 一条蜿蜒的河流（来自 flickr 网站）

图 3.2.4 汹涌、混匀的河流（来自 flickr 网站）

3.2.2 稀释

如果后验样本自相关性很高，又会引起另一个问题。因为很多的后处理算法都需要样本间彼此独立。这个问题可以通过每隔 n 返回一个样本来解决或减轻，因为这样消除了样本间的自相关性。图 3.2.5 显示了在不同稀释程度下，用图像

函数绘制 y_t 的自相关性的结果。

```
max_x = 200 / 3 + 1
x = np.arange(1, max_x)

plt.bar(x, autocorr(y_t)[1:max_x], edgecolor=colors[0],
        label="no thinning", color=colors[0], width=1)
plt.bar(x, autocorr(y_t[::2])[1:max_x], edgecolor=colors[1],
        label="keeping every 2nd sample", color=colors[1],
        width=1)
plt.bar(x, autocorr(y_t[::3])[1:max_x], width=1,
        edgecolor=colors[2], label="keeping every 3rd sample",
        color=colors[2])

plt.autoscale(tight=True)
plt.legend(title="Autocorrelation plot for $y_t$",
           loc="lower left")
plt.ylabel("Measured correlation \nbetween $y_t$ and $y_{t-k}$.")
plt.xlabel("$k$ (lag)")
plt.title("Autocorrelation of $y_t$ (no thinning versus\
          thinning) at differing $k$ lags");
```

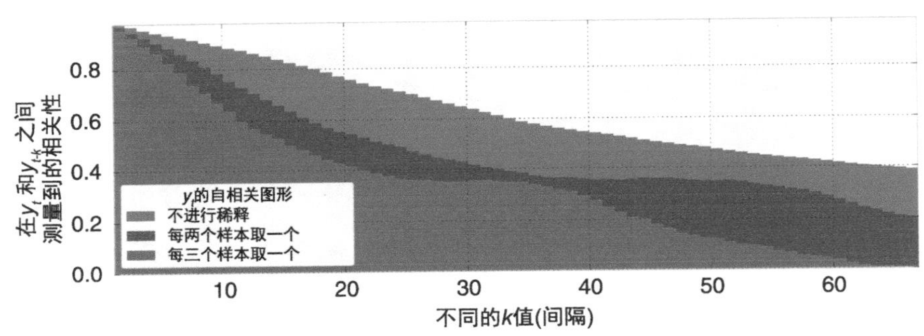

图 3.2.5 y_t 在不同间距 k 下的自相关性

增加稀释程度能够更快地减少自相关性。但这是需要权衡的，因为稀释程度增加意味着要进行更多的 MCMC 迭代才能保持同样的样本量。比如 10 000 个未稀释的样本相当于 100 000 个以 10 为间隔进行稀释的样本（即使后者的自相关性更小）。

那么稀释程度以多少为宜呢？由于不论如何稀释，返回样本间都会存在一定的相关性，因此只要稀释到自相关性快速地趋近于 0 就可以了。通常间隔超过 10 是不必要的。

PyMC 的 sample 函数支持通过参数 thinning 来指定稀释程度。比如：

```
sample(10000, burn = 5000, thinning = 5).
```

3.2.3 pymc.Matplot.plot()

每次进行 MCMC 如果都要手动地创建直方图、自相关图和迹图的话，似乎很没有必要。PyMC 的作者为此提供了一个工具。

如本节标题，pymc.Matplot 模块包含了一个命名不太好的 plot 方法。我宁愿导入的时候把它重命名为 mcplot 以避免与其他命名空间里的 plot 方法冲突。plot，或者说我命名的 mcplot，以 MCMC 对象为参数，返回每个变量（最多十个）的后验分布、迹和自相关函数。

在图 3.2.6 里，我们用该工具对各个聚类的 centers 变量进行绘图，图像取自以程度为 10 进行稀释，25 000 次采样后的返回结果。

```
from pymc.Matplot import plot as mcplot

mcmc.sample(25000, 0, 10)
mcplot(mcmc.trace("centers", 2), common_scale=False)
```

```
[Output]:

[-----------------100%-----------------] 25000 of 25000 complete
    in 16.1 sec
Plotting centers_0
Plotting centers_1
```

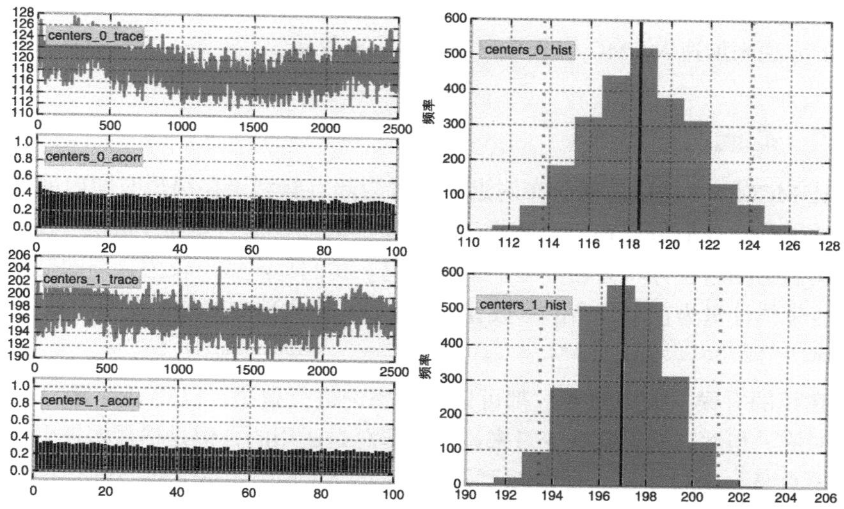

图 3.2.6 PyMC 内置画 MCMC 图工具的输出

这里的图实际上分为两部分，各对应 centers 变量的一个未知元素，对每一个元素，左上图为变量的迹。该图有助于理解“蜿蜒”的特性是未达到收敛的结果。

右边的大图是样本的直方图，外加一些额外的特征线。最粗的竖线代表后验均值，它是后验分布有代表性的特征。两条虚线之间代表各个后验分布 95% 的可信区间，不要与 95% 置信区间混淆。我不会使用后者，而前者表示待估计的参数有 95% 的可能落在这个区间里（可以在调用 mcplot 的时候把默认的 95% 改为其他范围）。当与他人交流你的结果时，申明这个区间是无比重要的。由于研究贝叶斯方法的目的之一就是弄清未知量的不确定性，而结合后验均值，95% 可信区间提供了一个可靠的区间用于交流未知量可能的位置（根据均值）以及不确定性（根据区间的宽度）。

标签为 centers_0_accor 和 centers_1_accor 的图中画了自相关函数。它们看起来与图 3.2.5 中的不同，而唯一的区别在于生成的图里 0 间距点位于图中心，而我的图里 0 间距在图的左边。

3.3　MCMC 的一些秘诀

如果不是由于 MCMC 的计算复杂度高，贝叶斯推断将是一个很实际的估计方法。事实上 MCMC 是导致用户抛弃贝叶斯推断的主因。本小结将提供一些启发式的方法来加速 MCMC 引擎并有助于其快速收敛。

3.3.1　聪明的初始值

让 MCMC 算法以后验分布附近的位置为起点有利于在很短时间内就能得到有效的采样。我们可以在创建随机过程变量的时候，通过指定 value 参数来告诉算法我们猜测后验分布会在哪里。很多情况下我们都能做出较为合理的猜测。例如，若带估计量为正态分布的参数 μ，那么以均值为猜测的初值是很有效的：

```
mu = pm.Uniform( "mu", 0, 100, value = data.mean() )
```

建模的时候，大多数参数都可以以频率论进行猜测，以得到良好的 MCMC 算法初值。当然，对于某些变量来说这并非总是适用的，但是尽量多地引入合理的初值总是一个好主意。即便猜测是错误的，MCMC 还是会收敛到合理的分布上，所以不会有什么损失。而这也是 MAP 方法的目的，它通过提供良好的初值让 MCMC 快速收敛。所以说不要嫌麻烦，提供用户定义的初值是很有必要的。

3.3.2 先验

如果先验选择得不好，那么 MCMC 算法可能无法收敛，或至少难以收敛。想想看如果先验分布在真实的参数值上概率为 0，那么后验分布在这一点上也必为 0。这会导致病态的估计结果。因此，有必要仔细选择先验分布。通常，如果发现缺乏收敛性，或者看不出样本在向哪一区域集中，那么这暗示着先验的选择有误（参考下面的统计计算的无名定理）。

3.3.3 统计计算的无名定理

一个无名定理，是指某一领域约定俗成的一个事实，大家不会把它写下来，但是大家都知道它。贝叶斯计算的无名定理是指：

如果你的计算遇到了问题，你的模型有可能是错误的。

3.4 结论

PyMC 提供了进行贝叶斯推断的一个强大后台，这主要是因为它向用户隐藏了其内部实现机制。尽管如此，为了确保估计不会因为 MCMC 算法天然的迭代性而导致偏差，还是需要注意一些细节。

其他 MCMC 库，比如 Stan，使用了这一领域最先进的研究成果来进行实现。这些算法更少遇到收敛问题，因而会向用户隐藏更多实现细节。

在第 4 章，我将探索我认为最重要的理论：大数定律。说重要，一半是因为它很有用，另一半是因为它常被误用。

第4章 从未言明的最伟大定理

4.1 引言

本章专注于一个一直在我们脑海里闪烁，但通常只在统计学书籍里解释的思想。并且事实上，目前为止所有的例子都用到了这一思想。

4.2 大数定律

假设，Z_i 表示来自某概率分布的 N 次独立采样。那么，根据大数定律，只要期望 $E[Z]$ 有限，则下式成立：

$$\frac{1}{N}\sum_{i=1}^{N} Z_i \rightarrow E[Z], N \rightarrow \infty$$

用文字表述，即来自同一分布的一组随机变量，其均值收敛于该分布的期望。

该结果看似无趣，然而它却是你最有用的数学工具。

4.2.1 直觉

如果这个定律让你有点惊讶，那么可以用一个简单的例子让你更容易明白。

考虑取值只能为 c_1 或 c_2 的随机变量 Z，假使我们获得了大量 Z 的样本，并用 Z_i 表示其中的第 i 个样本。那么大数定律告诉我们，可以用这些样本的均值来近似估计 Z 的期望，均值表达式如下：

$$\frac{1}{N}\sum_{i=1}^{N} Z_i$$

由于已经定义了 Z_i 只能取 c_1 或 c_2，因此我们可以将求和分解到两个取值上：

$$\begin{aligned}\frac{1}{N}\sum_{i=1}^{N}Z_i&=\frac{1}{N}\left(\sum_{Z_i=c_1}c_1+\sum_{Z_i=c_2}c_2\right)\\&=c_1\sum_{Z_i=c_1}\frac{1}{N}+c_2\sum_{Z_i=c_2}\frac{1}{N}\\&=c_1\times(c_1\text{ 的近似频率})+c_2\times(c_2\text{ 的近似频率})\\&\approx c_1\times P(Z=c_1)+c_2\times P(Z=c_2)\\&=E[Z]\end{aligned}$$

虽然等号只在极限情况下成立，但可以通过加入更多的样本来接近这一状态。该定律几乎对所有分布都成立，除了几个特殊的情况。

4.2.2　实例：泊松随机变量的收敛

图 4.2.1 里是将大数定律套用在三个不同泊松随机变量序列上的结果。

我们对参数 λ=4.5 的泊松随机变量，采集了 sample_size = 100000 个样本，(回忆一下，泊松变量的期望值等于其参数值。) 并计算了前 n 个样本的均值，n 从 1 取到 sample_size。

```
%matplotlib inline
import numpy as np
from IPython.core.pylabtools import figsize
import matplotlib.pyplot as plt
plt.rcParams['savefig.dpi'] = 300
plt.rcParams['figure.dpi'] = 300

figsize(12.5, 5)
import pymc as pm

sample_size = 100000
expected_value = lambda_ = 4.5
poi = pm.rpoisson
N_samples = range(1,sample_size,100)

for k in range(3):

    samples = poi(lambda_, size = sample_size)
    partial_average = [samples[:i].mean() for i in N_samples]

    plt.plot(N_samples, partial_average, lw=1.5,label="average \
```

```
            of $n$ samples; seq. %d"%k)


plt.plot(N_samples, expected_value*np.ones_like(partial_average),
         ls="--", label="true expected value", c="k")

plt.ylim(4.35, 4.65)
plt.title("Convergence of the average of \n random variables to their \
          expected value")
plt.ylabel("Average of $n$ samples")
plt.xlabel("Number of samples, $n$")
plt.legend();
```

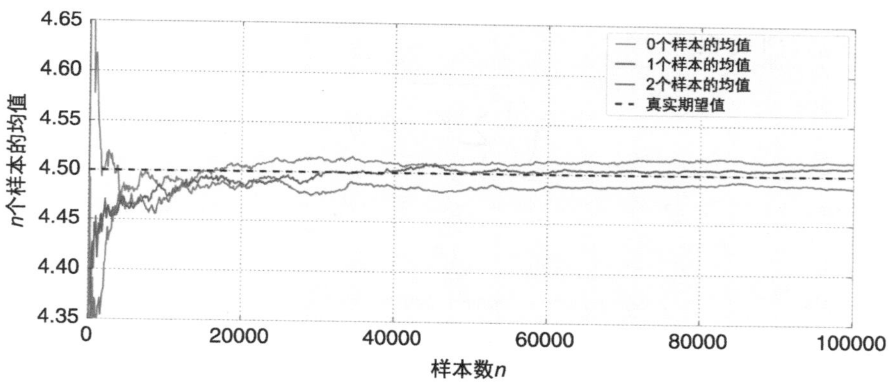

图 4.2.1 随机变量的均值收敛到其期望值

从图 4.2.1 可以清晰地看出，当 n 很小的时候，样本均值的变动更大（比较一下该均值是如何从剧烈变化趋向平缓的）。三条路径都向 4.5 水平线靠近，而随着 n 增大都逐渐在其附近小幅摆动。数学家和统计学家将这种“摆动”称为收敛。

另一个与此相关的问题是：收敛到期望值的速度有多快？让我们来画点新的东西。我们选择一个特定的 n，然后重复实验数千次，并计算与实际期望值的距离的均值。等会儿——计算平均值？那又要运用大数定律了！比如，对于特定的 n，我们关心的是以下这个量：

$$D(n)=\sqrt{E\left[\left(\frac{1}{n}\sum_{i=1}^{n}Z_i-4.5\right)^2\right]}$$

以上公式可以解释为前 n 个采样的样本均值与真实值的距离（平均意义上）。（取平方根是为了让这个量与随机变量的维度相同。）由于计算的是期望，因此可以用大数定律进行估算，即用下式的均值来取代对 Z_i 均值的计算：

$$Y_{n,k}=\left(\frac{1}{n}\sum_{i=1}^{n}Z_i-4.5\right)^2$$

通过对每次实验的 Z_i 序列计算其 $Y_{n,k}$，并取均值，可以得到

$$\frac{1}{N}\sum_{i=1}^{N}Y_{n,k}\rightarrow E[Y_n]=E\left[\left(\frac{1}{n}\sum_{i=1}^{n}Z_i-4.5\right)^2\right]$$

最后取平方根

$$\sqrt{\frac{1}{N}\sum_{k=1}^{N}Y_{n,k}}\approx D(n)$$

```
figsize(12.5, 4)

N_Y = 250 # Use this many to approximate D(N).
# Use this many samples in the approximation to the variance.
N_array = np.arange(1000, 50000, 2500)
D_N_results = np.zeros(len(N_array))

lambda_ = 4.5
expected_value = lambda_ # for X ~ Poi(lambda), E[X] = lambda

def D_N(n):
    """
    This function approximates D_n, the average variance of using
    n samples.
    """
    Z = poi(lambda_, size = (n, N_Y))
    average_Z = Z.mean(axis=0)
    return np.sqrt(((average_Z - expected_value)**2).mean())


for i,n in enumerate(N_array):
    D_N_results[i] = D_N(n)
```

```
plt.xlabel("$N$")
plt.ylabel("Expected squared-distance from true value")
plt.plot(N_array, D_N_results, lw=3,
        label="expected distance between\n\
expected value and \naverage of $N$ random variables")
plt.plot(N_array, np.sqrt(expected_value)/np.sqrt(N_array), lw=2,
        ls="--", label=r"$\frac{\sqrt{\lambda}}{\sqrt{N}}$")
plt.legend()
plt.title("How "quickly" is the sample average converging?");
```

如我们预期的，随着 N 增大，样本均值与实际值间距离的期望逐渐减小。但也要注意到，这个收敛速率也在降低，也就是说，从 0.02 到 0.015 这 0.005 的变化，仅需要 10 000 个额外的样本，但是从 0.015 到 0.01，同样是 0.005 的变化，却需要 20 000 个额外样本。

事实上收敛的速率是可以衡量的。在图 4.2.2 里，我画了第二根线：$\sqrt{\lambda}/\sqrt{N}$ 的函数曲线。这并不是随意选的。大多数情况下，对于类似 Z 的随机分布变量，其收敛到 $E[Z]$ 的速度，用大数定律可证为

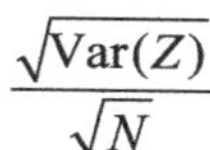

$$\frac{\sqrt{\mathrm{Var}(Z)}}{\sqrt{N}}$$

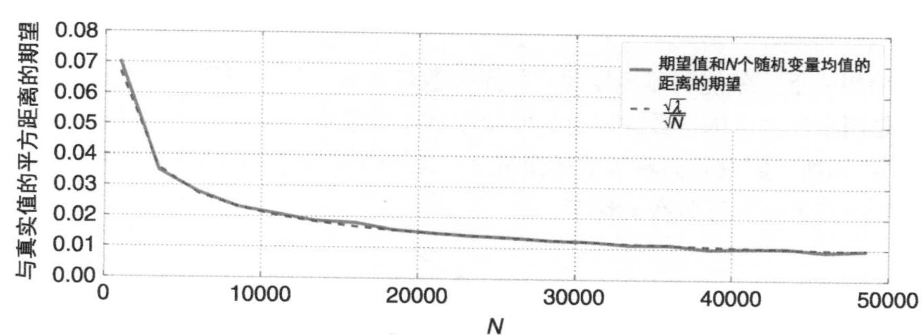

图 4.2.2　样本均值收敛得有多快?

知道这一点很有用：对于一个很大的 N，我们可以知道（平均上）我们距离估计值还有多远。另一方面，在贝叶斯设定下，这个结果似乎没什么用：由于贝叶斯分析并不反对不确定性，那么额外增加一些精度位数有什么统计意义呢？采样的计算开销是如此之低，取一个较大的 N 也没问题。

4.2.3 如何计算 Var(Z)

方差是另一个可以近似估计的期望值！考虑以下情况：一旦有了期望（通过用大数定律来近似，用 μ 表示），就可以估算方差。

$$\frac{1}{N}\sum_{i=1}^{N}(Z_i-\mu)^2 \rightarrow E[(Z-\mu)^2]=\mathrm{Var}(Z)$$

4.2.4 期望和概率

期望和概率估计之间的联系更不那么明显。首先定义指示函数：

$$\mathbb{1}_A(x)=\begin{cases}1 & x\in A\\ 0 & \text{else}\end{cases}$$

然后，根据大数定律，如果我们有很多样本 X_i，那么可以用以下公式估算事件 A 的概率：

$$\frac{1}{N}\sum_{i=1}^{N}\mathbb{1}_A(X_i)\rightarrow E[\mathbb{1}_A(X)]=P(A)$$

稍想一下，就能明显地发现：指示函数仅在事件发生时取 1，因此公式实际上只是用事件发生的次数除以总的实验次数（想想我们通常是如何用频率估计概率的）。比如，假设我们希望估计变量 $Z\sim \mathrm{Exp}(0.5)$ 大于 10 的概率，并且我们拥有许多来自 Exp(0.5) 分布的样本。

$$P(Z>10)=\sum_{i=1}^{N}\mathbb{1}_{z>10}(Z_i)$$

```
import pymc as pm
N = 10000
print np.mean([pm.rexponential(0.5)>10 for i in range(N)])
```

```
[Output]:

0.0069
```

4.2.5 所有这些与贝叶斯统计有什么关系呢

第 5 章将要介绍的贝叶斯点估计，利用的就是期望值。在以分析为主的贝叶斯推断中，通常需要计算高维积分来得到复杂的期望值。而有了对后验的直接采样，就不用这么复杂，只需要计算均值就行了。如果需要优先考虑准确率，那么可以通过 4.2.2 这样的图来了解目前的收敛速度。如果需要进一步提高准确率，那么增加更多采样就好了。

那么加到多少才足够呢？何时才能停止对后验进行采样？这是由算法实践者来决定的，且与样本的方差相关。（回忆一下，方差大的时候，均值收敛的速度慢）。

我们也得明白大数定律何时会失效。从定理的名字里就可以看出，它只有在样本量足够大的时候才有效，而从前面图中也能看出在 N 很小的时候，定律并不成立，此时得到的近似结果是不可靠的。明白这一点有利于我们对应该保持多大程度的不信任更有把握。4.3 小节将讨论这个问题。

4.3 小数据的无序性

只有在 N 足够大时，大数定律才成立，然而数据量并非总是足够大的。如果任意地运用这一定律，不管它多有用，都有可能会导致愚蠢的错误。下一个例子将阐述这一点。

4.3.1 实例：地理数据聚合

数据经常需要聚合。比如以州、县、城市为单位进行数据聚合。不同地理区域的人口数量显然是不同的。如果要得到各地理区域的人口特征的均值，那么此时需要意识到，人口数很少的地方，大数定律可能会失效。

让我们观察一组测试数据。假如数据集里有 5 000 个县，并且各个州的人口数量服从（100，1 500）上的均匀分布（至于人口数量如何产生与本讨论无关）。我们关心的是各个县的人均身高。而我们并不知道，身高并不因县而不同，不论生活在哪里，每个人的身高都服从相同的分布。

$$\text{height} \sim \text{Normal}(150,15)$$

我们以县为单位，对个体进行聚合，因此我们只有各个县的平均身高。那么我们的数据是什么样子的呢？

```
figsize(12.5, 4)
std_height = 15
```

```
mean_height = 150
n_counties = 5000
pop_generator = pm.rdiscrete_uniform
norm = pm.rnormal

# generate some artificial population numbers
population = pop_generator(100, 1500, size = n_counties)

average_across_county = np.zeros(n_counties)
for i in range(n_counties):
    # generate some individuals and take the mean
    average_across_county[i] = norm(mean_height, 1./std_height**2,
                                    size=population[i]).mean()

# locate the counties with the apparently most extreme average heights
i_min = np.argmin(average_across_county)
i_max = np.argmax(average_across_county)

# plot population size versus recorded average
plt.scatter(population, average_across_county, alpha=0.5, c="#7A68A6")
plt.scatter([population[i_min], population[i_max]],
            [average_across_county[i_min], average_across_county[i_max]],
            s=60, marker="o", facecolors="none",
            edgecolors="#A60628", linewidths=1.5,
             label="extreme heights")

plt.xlim(100, 1500)
plt.title("Average height versus county population")
plt.xlabel("County population")
plt.ylabel("Average height in county")
plt.plot([100, 1500], [150, 150], color="k", label="true expected \
height", ls="--")
plt.legend(scatterpoints = 1);
```

发现了什么？如果不考虑人口多少，我们可能面临极大的错误风险：在图 4.3.1 里，如果忽略人口大小，就会认为圈出的点对应了人均身高最高和最矮的县。但这是错误的，原因如下：这两个县并不一定拥有最极端的身高水平。从少量人口中计算出来的均值导致的错误并不能实际地反映人口的真实预期（实际应该是 150）。此时的样本数 / 人口数 /*N*——随你怎么称呼——太小以至于大数定律无法成立。

让我们来看一些更极端性的证据。上面说了人口数服从于（100，1 500）上的均匀分布，直觉告诉我们，即便人均身高比较极端的那些县，其人口数应该也均匀分布于 100 到 4 000 之间，即身高应该独立于人口数。但结果并非如此，以

下是身高处于两极水平的各个县的人口数：

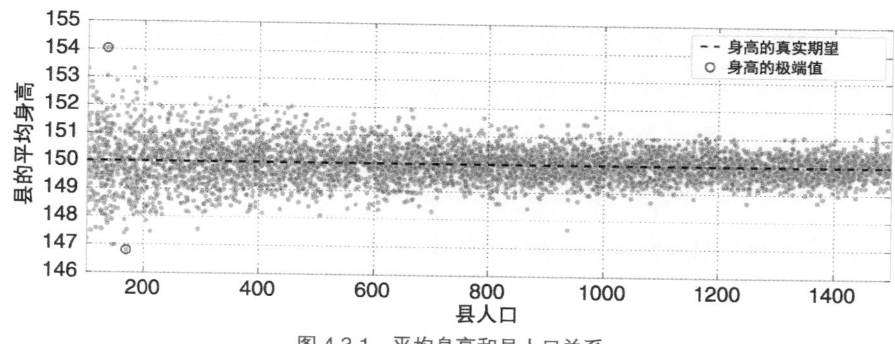

图 4.3.1 平均身高和县人口关系

```
print "Population sizes of 10 'shortest' counties: "
print population[np.argsort(average_across_county)[:10]]
print
print "Population sizes of 10 'tallest' counties: "
print population[np.argsort(-average_across_county)[:10]]
```

```
[Output]:

Population sizes of 10 'shortest' counties:
[111 103 102 109 110 257 164 144 169 260]
Population sizes of 10 'tallest' counties:
[252 107 162 141 141 256 144 112 210 342]
```

人口数并不均匀分布于 100 到 1 500 之间，此时大数定律完全失效。

4.3.2 实例：Kaggle 的美国人口普查反馈比例预测比赛

以下是 2010 年的美国人口普查数据，其中将比县更大的区域进一步划分为区块群（即一些城市街区或对等大小的区域的合并）。数据由机器学习的竞赛组织 Kaggle 提供，这一竞赛我和我的同事们都参加了。比赛的目标是预测一个区块群里能收到的人口普查回邮信的比率（用 0 ～ 100 来衡量），依据的是普查的一些特征（收入中位数、区块群里的女性人数、活动住房停车场数量、平均有多少个小孩等）。图 4.3.2 里绘制了分组人口数量与回邮比例的关系。

```
figsize(12.5, 6.5)
data = np.genfromtxt("data/census_data.csv", skip_header=1,
                     delimiter=",")
plt.scatter(data[:,1], data[:,0], alpha=0.5, c="#7A68A6")
```

```
plt.title("Census mail-back rate versus population")
plt.ylabel("Mail-back rate")
plt.xlabel("Population of block group")
plt.xlim(-100, 15e3)
plt.ylim(-5, 105)

i_min = np.argmin(data[:,0])
i_max = np.argmax(data[:,0])

plt.scatter([data[i_min,1], data[i_max, 1]],
            [data[i_min,0], data[i_max,0]],
            s=60, marker="o", facecolors="none",
            edgecolors="#A60628", linewidths=1.5,
            label="most extreme points")

plt.legend(scatterpoints = 1);
```

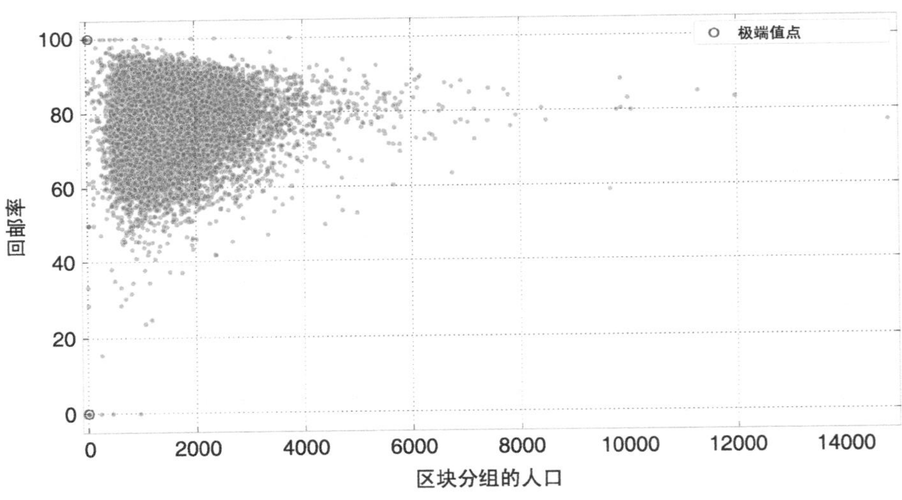

图 4.3.2 人口普查回邮率和人口数量的关系

这是统计学里的一个经典现象。这里的经典指的是图 4.3.2 里散点图的形状。它是一个三角形，随着样本量增大而收紧（大数定律也更加准确）。

可能我有点过分强调这一点了，也许我应该把本书命名为“你不会有什么大数据问题！”。因为在这里我们遇到的又是一个小数据情况下的问题，而不是大数据的问题。简单来说，小数据集不能用大数定律来处理，但面对大数据量（真正“大”的数据）的情况，使用该定律并不会遇到什么问题。记得我之前提到过一个自相矛盾的问题，即往往大数据的问题都是用简单的方法解决的。在这里应该可以明白为何有此矛盾了，因为大数定律创造了稳定的解，也就是说增减少量的数据点并不会对解有很大的影响。反过来，如果数据集本身很小，那么增加或减少少量的数据点，会使得结果变化很大。

如果想要进一步了解使用大数定律的隐含风险，推荐一本非常好的手稿：《最危险的等式》(The Most Dangerous Equation)。

4.3.3 实例：如何对 Reddit 网站上的评论进行排序

也许你不同意前面的论述：每个人都隐式地知道大数定律，只是在决策的时候才会下意识地使用这一原理。但你可以想想网上商品的评论：如果一个商品被打了五星，但只有一个评论者，你会相信吗？如果有两个呢？三个呢？我们隐式地知道，评论人数很少的时候，评分的均值并不能很好地反映产品的真实价值。

这样一来，我们对物品进行排序或各种比较的时候，就会有问题。很多人都意识到根据评分对搜索结果进行排序的效果很差，不管搜的是书籍、视频或是网上的评论。通常，排名看起来最靠前的视频或是评论，都是因为有少数狂热的粉丝打了完美的分数。而真正高品质的视频或评论，反而被藏在了后面几页，分数都是像劣质产品一般的 4.8 分。如何更正这一点呢？

想想有名的 Reddit 网站（此处故意不提供 Reddit 的链接，因为这个网站出了名的会让人上瘾，我怕你一去不复返）。网站上提供趣事或图片的链接，而最有趣的在于每个链接的评论部分。“Redditors”（该网站用户的名称）可以对评论进行投票（包括赞成和反对）。Reddit 会排出人气最高的评论，即最佳评论。换作是你，你会怎么判断哪条评论是最佳的呢？有很多方法可以实现这一点。

1. 热度：认为点赞数越多的评论越好。一个问题在于，当一个评论有几百个赞，但是被反对了上千次时，虽然热度很高，但是把这条评论当成最佳是有争议的。

2. 差数：用点赞数减去反对数来打分。这解决了以上热度指标的问题，但不能解决评论的时间属性导致的问题。因为一个链接的评论可以在数个小时之后，差数准则会让最老的评论排在前面，因为最老的评论会随着时间积累更多的点赞数，但并不意味着他们是最佳评论。

3. 时间调节：考虑用差数除以评论的寿命。这样得到了一种类似每秒差数或每分钟差数这样的速率值。但是这样立即能找到一个反例，比如一个一秒前发布的评论，只需要一票，就能击败一百秒前的拥有九十九票的评论。避免这一问

题可以简单地只对 t 秒以前的评论进行时间调节。但是 t 该怎么选呢？而且这样是不是意味着 t 秒内的评论都不好吗？结果，我们是在对不稳定量和稳定量进行比较（新评论 PK 老评论）。

4. 好评率：用赞成票除以总票数（赞成票 + 反对票）得到的比例进行排序。这能够解决时间的问题，只要新的评论有足够高的好评率，那么他们会与老评论有同等机会被置顶。此时的问题在于，如果一条评论只有 1 个赞成票（好评率为 1.0），那么它会胜过有 999 个赞成票和 1 个反对票的评论（好评率为 0.999）。但显然后者更有可能比前者要优质。

我说“可能”是有理由的。前者虽然只有 1 个赞成票，但还是有可能优于有 999 个赞成票的后者。不能武断下结论，因为我们并没有看到前者后来得到的 999 票。也许人家后面的 999 票都是赞成票呢？虽然这种情况可能性很小。

我们真正想要的是真实的好评率的估计值。注意真实的好评率和观测到的好评率并不一样；真实的好评率是一个隐藏的值，而我们能观测到的只有赞成和反对的次数（可以把真实好评率想象成“一个用户给这条评论投赞成票的概率”）。根据大数定律我们可以断定，观测到 999 次赞同和 1 次反对时，真实的好评率更有可能接近 1。而如果只观测到 1 次赞同，那就没那么确定了。这听起来很像贝叶斯问题。

贝叶斯方法需要好评率的先验知识。获得先验知识的一个方法是基于好评率的历史分布。这可以通过抓取 Reddit 上的评论来获得。但是采用这一技术会伴随一些问题：

1. 数据倾斜：绝大多数的评论只有少量的票数，因而会有很多评论的好评率趋于极端（参考图 4.3.2 里 Kaggle 数据集的三角形分布），这会导致我们的先验分布趋于极端。避免这一问题可以只选用票数大于一定阈值的评论，但这样一来就要在样本量和先验精度阈值之间进行权衡了。

2. 数据偏移：Reddit 是由很多子页面构成的，称为 subreddits。举两个例子，r/aww 上都是展示可爱的小动物，而 r/politics 上讨论政治问题。很有可能用户在不同子页面上具有不同的行为倾向：用户对动物页面上的评论都是友好和喜爱的，因此这些页面上的评论会得到更多的赞同票，而政治页面上的评论更加有争议性，也会得到更多的反对票。因此，并不是所有的评论都是等同的。

鉴于此，我觉得使用均匀先验分布是更佳的做法。

确定了先验知识以后，我们就可以得到真实好评率的后验，Python 脚本 comments_for_top_reddit_pic.py 会抓取 Reddit 置顶图片的评论。接下来，我们抓取 Reddit 上发表的图片 http://i.imgur.com/OYsHKlH.jpg 的评论。

```
from IPython.core.display import Image
# Adding a number to the end of the %run call will get the ith top photo.
%run top_pic_comments.py 2
```

```
[Output]:

Title of submission:
Frozen mining truck
http://i.imgur.com/OYsHKlH.jpg
```

```
"""
Contents: an array of the text from all comments on the pic
Votes: a 2D NumPy array of upvotes, downvotes for each comment
"""
n_comments = len(contents)
comments = np.random.randint(n_comments, size=4)
print "Some Comments (out of %d total) \n-----------"%n_comments
for i in comments:
    print '"' + contents[i] + '"'
    print "upvotes/downvotes: ",votes[i,:]
    print
```

```
[Output]:

Some Comments (out of 77 total)
-----------
"Do these trucks remind anyone else of Sly Cooper?"
upvotes/downvotes: [2 0]

"Dammit Elsa I told you not to drink and drive."
upvotes/downvotes: [7 0]

"I've seen this picture before in a Duratray (the dump box supplier)
 brochure..."
upvotes/downvotes: [2 0]

"Actually it does not look frozen just covered in a layer of wind
 packed snow."
upvotes/downvotes: [120 18]
```

对于给定的真实好评率 p 和投票数 N，赞同票的次数类似于参数为 p 和 N 的二项分布。（这是因为好评率等价于 N 次投票中赞成票相比反对票的概率）。我们构建了一个函数来对单条评论的赞成 / 反对票进行概率值 p 的贝叶斯推断。

```
import pymc as pm

def posterior_upvote_ratio(upvotes, downvotes, samples=20000):
"""
This function accepts the number of upvotes and downvotes a
particular comment received, and the number of posterior samples
to return to the user. Assumes a uniform prior.
"""
N = upvotes + downvotes
upvote_ratio = pm.Uniform("upvote_ratio", 0, 1)
observations = pm.Binomial("obs", N, upvote_ratio,
                           value=upvotes, observed=True)
# Do the fitting; first do a MAP, as it is cheap and useful.
map_ = pm.MAP([upvote_ratio, observations]).fit()
mcmc = pm.MCMC([upvote_ratio, observations])
mcmc.sample(samples, samples/4)
return mcmc.trace("upvote_ratio")[:]
```

以下是后验分布的结果。

```
figsize(11., 8)
posteriors = []
colors = ["#348ABD", "#A60628", "#7A68A6", "#467821", "#CF4457"]
for i in range(len(comments)):
    j = comments[i]
    label = '(%d up:%d down)\n%s...'%(votes[j, 0], votes[j,1],
                                       contents[j][:50])
    posteriors.append(posterior_upvote_ratio(votes[j, 0], votes[j,1]))
    plt.hist(posteriors[i], bins=18, normed=True, alpha=.9,
             histtype="step", color=colors[i%5], lw=3,
             label=label)
    plt.hist(posteriors[i], bins=18, normed=True, alpha=.2,
             histtype="stepfilled", color=colors[i], lw=3)

plt.legend(loc="upper left")
plt.xlim(0, 1)
plt.ylabel("Density")
plt.xlabel("Probability of upvote")
plt.title("Posterior distributions of upvote ratios on different\
        comments");
```

```
[Output]:

[****************100%******************] 20000 of 20000 complete
```

从图 4.3.3 里可以看出，某些分布很窄，其他分布表现为长尾（相对来说），体现了我们对真实好评率的不确定性。

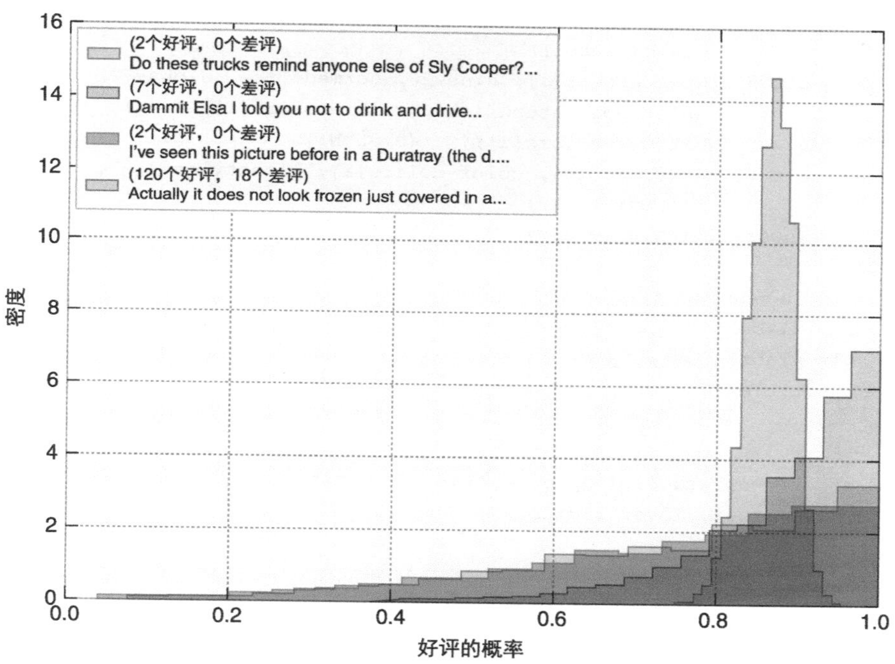

图 4.3.3 对不同评论，好评率的后验分布

4.3.4 排序！

我们忽视了这个练习的目的：如何对评论进行从好到坏的排序。当然，我们是无法对分布进行排序的，排序的只能是标量值。有很多种方法能够从分布中提取出标量值，用期望或均值来表示分布就是一个办法。但是均值并不是一个好办法，因为它没有考虑到分布的不确定性。

我建议使用 **95% 最小可信值**，定义为真实参数只有 5% 的可能性低于该值（想想 95% 置信区间的下界）。图 4.3.4 是根据 95% 最小可信值画的后验分布。

```
N = posteriors[0].shape[0]
lower_limits = []
for i in range(len(comments)):
    j = comments[i]
    label = '(%d up:%d down)\n%s...'%(votes[j, 0], votes[j,1],
                                       contents[j][:50])
    plt.hist(posteriors[i], bins=20, normed=True, alpha=.9,
             histtype="step", color=colors[i], lw=3,
             label=label)
    plt.hist(posteriors[i], bins=20, normed=True, alpha=.2,
             histtype="stepfilled", color=colors[i], lw=3)
    v = np.sort(posteriors[i])[int(0.05*N)]
    plt.vlines(v, 0, 10 , color=colors[i], linestyles="--",
             linewidths=3)
    lower_limits.append(v)

plt.legend(loc="upper left")
plt.xlabel("Probability of upvote")
plt.ylabel("Density")
plt.title("Posterior distributions of upvote ratios on different\
         comments");

order = np.argsort(-np.array(lower_limits))
print order, lower_limits
```

```
[Output]:

[3 1 2 0] [0.36980613417267094, 0.68407203257290061,
   0.37551825562169117, 0.81775662378507031]
```

根据我们的方法，最佳评论是最有可能得到高好评率的评论。看上去，这些评论的 95% 最小可信值最接近 1。图 4.3.4 里的垂线代表 95% 最小可信值。

为何基于这个量进行排序是个好主意？因为基于 95% 最小可信值进行排序，是对最佳评论的一个最为保守的估计。即便在最差情况下，也就是说我们明显高估了好评率时，也能确保最佳的评论排在顶端。在这一排序思路中，我们利用了以下很自然的特性：

1. 给定两个好评率相同的评论，我们会选择票数多的作为更佳评论（因为我们更确信其好评率更好）。

2. 给定两个票数一样的评论，我们会选择好评数更多的。

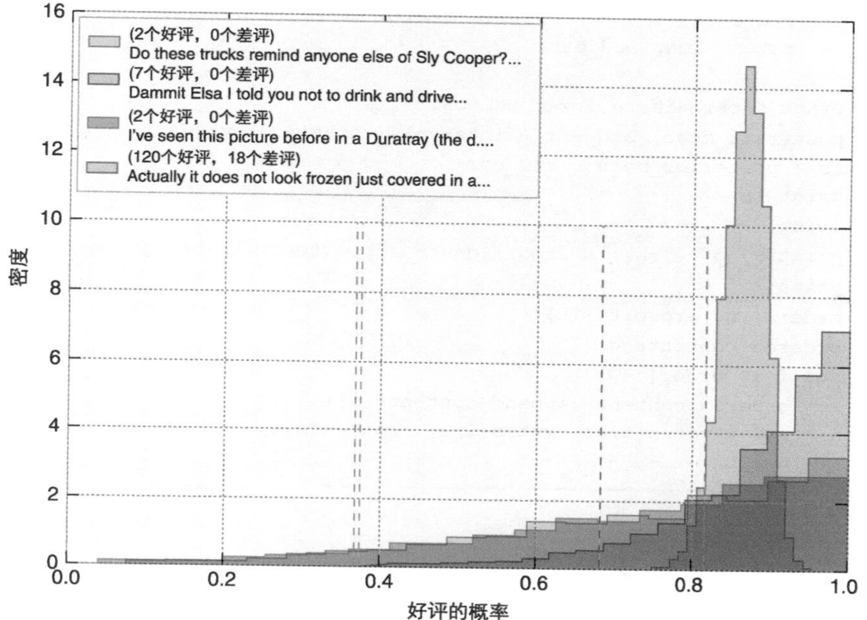

图 4.3.4 不同评论，好评率的后验分布

4.3.5 但是这样做的实时性太差了

我承认，为每一条评论计算后验开销还是太大了，而且等到你计算完的时候，数据可能都已经变了。我建议用下面的公式快速计算一个下界，其相关的数学分析我打算推迟到补充说明里进行。

$$\frac{a}{a+b}-1.65\sqrt{\frac{ab}{(a+b)^2(a+b+1)}}$$

此时

$$a=1+u$$
$$b=1+d$$

u 是赞同票的数量，d 是反对票的数量。该公式是进行贝叶斯推断的一个捷径，我们在第 6 章的先验分析中会解释更多细节。

```
def intervals(u,d):
    a = 1. + u
    b = 1. + d
    mu = a/(a+b)
```

```
    std_err = 1.65*np.sqrt((a*b)/((a+b)**2*(a+b+1.)))
    return (mu, std_err)

print "Approximate lower bounds:"
posterior_mean, std_err = intervals(votes[:,0],votes[:,1])
lb = posterior_mean - std_err
print lb
print
print "Top 40 sorted according to approximate lower bounds:"
print
order = np.argsort(-lb)
ordered_contents = []
for i in order[:40]:
    ordered_contents.append(contents[i])
    print votes[i,0], votes[i,1], contents[i]
    print "-------------"
```

```
[Output]:

Approximate lower bounds:
[ 0.83167764 0.8041293  0.8166957  0.77375237 0.72491057 0.71705212
  0.72440529 0.73158407 0.67107394 0.6931046  0.66235556 0.6530083
  0.70806405 0.60091591 0.60091591 0.66278557 0.60091591 0.60091591
  0.53055613 0.53055613 0.53055613 0.53055613 0.53055613 0.43047887
  0.43047887 0.43047887 0.43047887 0.43047887 0.43047887 0.43047887
  0.43047887 0.43047887 0.43047887 0.43047887 0.43047887 0.43047887
  0.43047887 0.43047887 0.43047887 0.47201974 0.45074913 0.35873239
  0.3726793  0.42069919 0.33529412 0.27775794 0.27775794 0.27775794
  0.27775794 0.27775794 0.27775794 0.13104878 0.13104878 0.27775794
  0.27775794 0.27775794 0.27775794 0.27775794 0.27775794 0.27775794
  0.27775794 0.27775794 0.27775794 0.27775794 0.27775794 0.27775794
  0.27775794 0.27775794 0.27775794 0.27775794 0.27775794 0.27775794
  0.27775794 0.27775794 0.27775794 0.27775794 0.27775794]

Top 40 sorted according to approximate lower bounds:

327 52 Can you imagine having to start that? I've fired up much smaller
    equipment when its around 0°  out and its still a pain. It would
    probably take a crew of guys hours to get that going. Do they have
    built in heaters to make it easier? You'd think they would just let
    them idle overnight if they planned on running it the next day
    though.
-------------
120 18 Actually it does not look frozen just covered in a layer of wind
    packed snow.
-------------
```

```
70 10 That's actually just the skin of a mining truck. They shed it
    periodically like snakes do.
-------------
76 14 The model just hasn't been textured yet!
-------------
21 3 No worries, [this](http://imgur.com/KeSYJud) will help.
-------------
7 0 Dammit Elsa I told you not to drink and drive.
-------------
88 23 Speaking of mining...[BAGGER 288!]
-------------
112 32 Wonder why OP has 31,944 link karma but so few submissions?
    /u/zkool may have the worst case of karma addiction I'm aware of.

title | points | age | /r/ | comnts
:--|:--|:--|:--|:--
[Frozen mining truck](http://www.reddit.com/r/pics/comments/1mrqvh/
    frozen mining truck/) | 2507 | 4^mos | pics | 164
[Frozen mining truck](http://www.reddit.com/r/pics/comments/1cutbw/
    frozen mining truck/) | 16 | 9^mos | pics | 4
[Frozen mining truck](http://www.reddit.com/r/pics/comments/vvcrv/
    frozen mining truck/) | 439 | 1^yr | pics | 21
[Meanwhile, in New Zealand...](http://www.reddit.com/r/pics/comments/
    ir1pl/meanwhile in new zealand/) | 39 | 2^yrs | pics | 12
[Blizzardy day](http://www.reddit.com/r/pics/comments/1uiu3y/
    blizzardy day/) | 7 | 19^dys | pics | 3

*[Source: karmadecay](http://karmadecay.com/r/pics/comments/1w454i/
    frozen mining truck/)*
-------------
11 1 This is what it's typically like, living in Alberta.
-------------
6 0 That'd be a haul truck. Looks like a CAT 793. We run em at the site
    I work at, 240ton carrying capacity.
-------------
22 5 Taken in Fort Mcmurray Ab!
-------------
9 1 "EXCLUSIVE: First look at "Hoth" from the upcoming 'Star Wars:
    Episode VII'"
-------------
32 9 This is the most fun thing to drive in GTA V.
-------------
5 0 it reminds me of the movie "moon" with sam rockwell.
-------------
4 0 Also frozen drill rig.
-------------
```

```
4 0 There's just something awesome about a land vehicle so huge that
    it warrants a set of stairs on the front of it. I find myself
    wishing I were licensed to drive it.
-------------
4 0 Heaters all over the components needing heat:
    http://www.arctic-fox.com/fuel-fluid-warming-products/
    diesel-fired-coolant-pre-heaters
-------------
4 0 Or it is just an amazing snow sculpture!
-------------
3 0 I have to tell people about these awful conditions... Too bad I'm
    Snowden.
-------------
3 0 Someone let it go
-------------
3 0 Elsa, you can't do that to people's trucks.
-------------
3 0 woo Alberta represent
-------------
3 0 Just thaw it with love
-------------
6 2 Looks like the drill next to it is an IR DM30 or DM45. Good rigs.
-------------
4 1 That's the best snow sculpture I've ever seen.
-------------
2 0 [These](http://i.imgur.com/xYuwk5I.jpg) are used for removing
    the ice.
-------------
2 0 Please someone post frozen Bagger 288
-------------
2 0 It's kind of cool there are trucks so big they need both a
    ladder and a staircase...
-------------
2 0 Eight miners are just out of frame hiding inside a tauntaun.
-------------
2 0 http://imgur.com/gallery/Fxv3Oh7
-------------
2 0 It would take a god damn week just to warm that thing up.
-------------
2 0 Maybe /r/Bitcoin can use some of their mining equipment to heat
    this guy up!
-------------
2 0 Checkmate Jackie Chan
-------------
```

```
2 0 I've seen this picture before in a Duratray (the dump box supplier)
brochure...
-------------
2 0 The Texas snow has really hit hard!
-------------
2 0 I'm going to take a wild guess and say the diesel is gelled.
-------------
2 0 Do these trucks remind anyone else of Sly Cooper?
-------------
2 0 cool
-------------
```

可以画出后验均值以及边界值，并观察利用下界进行排序的结果。在图 4.3.5 里，对区间的左边界进行了排序（正如我们所说的，这是最佳的排序策略），因而均值（用点表示）的位置没有遵循特别的模式。

```
r_order = order[::-1][-40:]
plt.errorbar(posterior_mean[r_order], np.arange(len(r_order)),
             xerr=std_err[r_order],xuplims=True, capsize=0, fmt="o",
              color="#7A68A6")
plt.xlim(0.3, 1)
plt.yticks(np.arange(len(r_order)-1,-1,-1),
           map(lambda x: x[:30].replace("\n",""), ordered_contents));
```

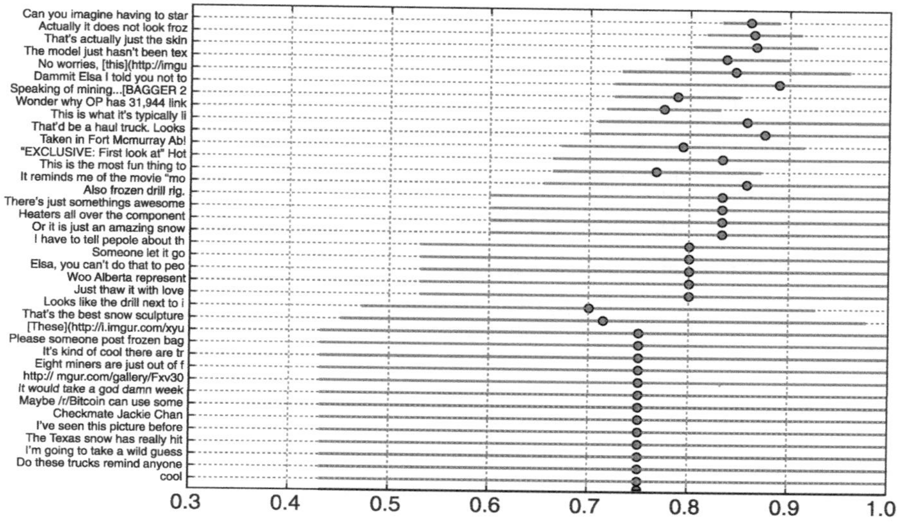

图 4.3.5 根据下界对评论进行排序

在图 4.3.5 中，你能看出为什么按均值排序只是一个次优的做法。

4.3.6 推广到评星系统

上述过程适用于简单的赞/踩评分机制，但如果系统用的是评星机制，比如5星评分系统呢？此时，用均值也有类似问题，比如两个5星好评的条目，会胜过拥有大量5星好评，但有一个非5星评价的条目。

我们可以把赞/踩的机制当成一个二值问题：0表示踩，1表示赞。而N星评价系统则可以当成它的连续版本，并且可以用n/N来表示n星。比如，在一个5星系统里，可以用0.4表示2星评价，用1表示5星评价。这样，可继续使用前面的公式，只是a，b的定义不同了。

$$\frac{a}{a+b}-1.65\sqrt{\frac{ab}{(a+b)^2(a+b+1)}}$$

此时

$$a=1+S$$
$$b=1+N-S$$

其中N是参与评分的人数，S是按照前面所说的表示方式下的评分总和。

4.4 结论

尽管大数定律非常酷，但是正如其名，它只适用于足够大的数据量。我们已经看到了，如果不考虑数据的构造，那么估计结果会受到很大影响。

1. 通过（低成本地）获得大量后验样本，可以确保大数定律适用于期望的近似估计（内容见第5章）

2. 用贝叶斯推断的时候，如果样本量很小，那么会观察到很大的随机性。从后验分布上可以看到，此时的形状是分散而非集中的。因此，估计结果是需要调校的。

3. 不考虑样本量会带来很大的影响，此时排序的依据往往是不稳定的，并会导致非常病态的排序结果。4.3.3节的方法能够解决这一问题。

4.5 补充说明

评论排序公式的推导

基本上，整个推导过程用的是Beta先验（参数为$a=1$，$b=1$的均匀分布）和二项式似然（u次实验，$N=u+d$）。这意味着后验是参数$a'=1+u$，b'

$=1+(N-u)=1+d$ 的 Beta 分布。接下来需要找到 x，未知量仅有 0.05 的概率小于它。通常，可以通过对累积分布函数（CDF）进行反转而得到，但对于 Beta 分布，在参数为整数时，其 CDF 是一个已知的很大的量。

我们转而采用正态近似值。Beta 分布的均值为 $\mu=a'/(a'+b')$，而方差是：

$$\sigma^2=\frac{a'b'}{(a'+b')^2(a'+b'+1)}$$

因此，我们通过求解下式来得到 x，并得到相应的近似下界。

$$0.05=\Phi\left(\frac{(x-\mu)}{\sigma}\right)$$

其中 Φ 为正态分布的累积分布。

4.6 习题

1. 假定 X 服从 Exp(4)，如何估计 $E[\cos X]$，以及 $E[\cos X|X<1]$（即已知 $x<1$ 条件下的期望值）?

2. 下表出自文章“Going for Three：Predicting the Likelihood of Field Goal Success with Logistic Regression”，表中对足球射手按照失误率进行了排序。请问研究人员犯了什么错误呢?

序号	射手	失误率（%）	射门数
1	Garrett Hartley	87.7	57
2	Matt Stover	86.8	335
3	Robbie Gould	86.2	224
4	Rob Bironas	86.1	223
5	Shayne Graham	85.4	254
…	…	…	
51	Dave Rayner	72.2	90
52	Nick Novak	71.9	64
53	Tim Seder	71.0	62
54	Jose Cortez	70.7	75
55	Wade Richey	66.1	56

2013 年 8 月，一篇有名的帖子阐述了各类语言的程序员平均收入的趋势。这是一个总结图表。你注意到了什么异常吗？

语言	平均每户收入	数据点数
Puppet	87 589.29	112
Haskell	89 973.82	191
PHP	94 031.19	978
CoffeeScript	94 890.80	435
VimL	94 967.11	532
Shell	96 930.54	979
…	…	
Scala	101 460.91	243
ColdFusion	101 536.70	109
Objective-C	101 801.60	562
Groovy	102 650.86	116
Java	103 179.39	1402
XSLT	106 199.19	123
ActionScript	108 119.47	113

4.7　答案

1.

```
import scipy.stats as stats
exp = stats.expon(scale=4)
N = 1e5
X = exp.rvs(N)

# E[cos(X)]
print (cos(X)).mean()
# E[cos(X) | X<1]
print (cos(X[X<1])).mean()
```

2. 两张表都简单地按照统计结果（第一张表用的是转换值，第二张用的是均值）进行了排序，但是没有考虑统计值的样本量问题。这样会带来问题：在射手榜上，Garrett Hartley 显然不是最佳射手，这一荣耀应该属于 Matt Stover；在薪水表里，较少数据点的语言拥有更极端的薪资，根据这张表能得出一个天真（而错误）的解释，即企业愿意为小众语言开发者支付更高的薪水，只是因为这些语言的开发者数量较少。

第5章 失去一只手臂还是一条腿

5.1 引言

统计学家们看起来像一伙带着市井之气的小贩，因为比起他们的获得，统计学家们更在意他们的损失。事实上，在统计学行话里，获胜也是一个负的损失。不过，如何衡量损失是一个非常有趣的问题。

例如，请考虑下面的例子：

气象学家预测飓风袭击他的城市的可能性。他有 95% 的信心认为，飓风不会来的概率介于 99% 和 100% 之间。他对他的预测的精确度很满意，于是建议没有必要进行城市大疏散。

不幸的是，飓风确实来到了，城市被淹。

这个有点模式化的例子表明了依靠纯粹精确性度量的缺陷。使用过于强调精确度的度量，尽管它往往是一个有吸引力的和客观的度量，但会忽视了执行这项统计推断的初衷，那就是：推断的结果。此外，我们希望有一种强调决策收益的重要性的方法，而不仅仅是估计的精确度。瑞德将这个思路概括为："大致的正确比精确的错误更好。" [1]

5.2 损失函数

我们来介绍统计学和决策理论中的损失函数。损失函数是一个关于真实参数及对该参数的估计的函数：

$$L(\theta,\hat{\theta})=f(\theta,\hat{\theta})$$

损失函数的重要性在于，他们能够衡量我们的估计的好坏：损失越大，那么根据损失函数来说，这个估计越差。一个简单而普遍的例子是**平方误差损失函数**，这是一种典型的、与误差的平方成正比的损失函数，在线性回归、无偏差统计量计算、机器学习的许多领域都有广泛的应用。

$$L(\theta,\hat{\theta})=(\theta-\hat{\theta})^2$$

我们也可以考虑一个非对称平方误差损失函数，是这样的：

$$L(\theta,\hat{\theta})=\begin{cases}(\theta-\hat{\theta})^2 & \hat{\theta}<\theta \\ c(\theta-\hat{\theta})^2 & \hat{\theta}\geqslant\theta, 0<c<1\end{cases}$$

其表示更偏好比真实值略大的估计值。这可以应用在对下个月 Web 流量进行预估的时候，首选略微高估流量，以避免服务器资源的分配不足。

平方误差损失的缺点在于它过于强调大的异常值。这是因为随着估计值的偏离，损失是平方增加的，而不是线性增加的。也就是说，对 3 个单位偏离的惩罚远小于对 5 个单位偏离的惩罚，但并不比对 1 个单位偏离的惩罚大很多，虽然这两种情况下偏离的差值是相同的：

$$\frac{1^2}{3^2}<\frac{3^2}{5^2}，尽管3-1=5-3$$

这种损失函数意味着较大的误差会导致糟糕的结果。更稳健的损失函数是误差的线性函数，即在机器学习和稳健统计经常使用的**绝对损失函数**：

$$L(\theta,\hat{\theta})=|\theta-\hat{\theta}|$$

其他常用的损失函数包括：

- $L(\theta, \hat{\theta})=1_{\hat{\theta}\neq\theta}$: 0-1 损失函数，常常在机器学习分类算法中使用。
- $L(\theta, \hat{\theta})=-\hat{\theta}\log(\theta)-(1-\hat{\theta})\log(1-\theta), \hat{\theta}\in 0,1, \theta\in[0,1]$: 对数损失函数，也常被用于机器学习。

从历史上看，损失函数因以下两点而激发产生：（1）数学上的易于计算性；（2）实际应用的稳健性（即它们是损失的客观测量）。第 1 点起初制约了损失函数范围的广度。由于计算机在数学计算上的便利性，我们可以自由地设计自己的损失函数，并在本章后续部分充分利用这一点。

对于第 2 点，上述损失函数都确实是客观的，因为它们经常是估计参数和真实参数之间的误差的函数，不管该误差是正还是负，和最终收益完全独立，尽管与收益的独立性有时会导致异常的结果。还是飓风的例子：气象学家预测飓风袭击的概率是在 0% 和 1% 之间。但是，如果他无视 95% 的精确度而更注重结果（无洪水的概率为 99%，有洪水的概率为 1%），他可能会提出不同的建议。

把我们的关注重心从更精确的参数估计转到参数估计带来的结果上来，我们可以对于具体情形优化我们的估计。这就要求我们设计出反映目标和结果的损失函数。以下是一些有趣的损失函数的例子。

- $L(\theta,\hat{\theta})=\dfrac{|\theta-\hat{\theta}|}{\theta(1-\theta)}$, $\hat{\theta},\theta\in[0,1]$ 强调的是更接近 0 或 1 的估计值，因为如果真实值接近 0 或 1，则损失函数将会变得非常大，除非估计值也类似地接近于 0 或 1。这一损失函数可能政治权威人士会需要，因为他 / 她的工作要求很有信心地给出“是 / 否”的答案。这一损失函数说明，如果真实值接近于 1（例如：如果一个政治结果很可能发生），该人士会表示强烈同意，以避免看起来像一个怀疑论者。
- $L(\theta,\hat{\theta})=1-e^{-(\theta-\hat{\theta})^2}$值域为 0 到 1，并反映了用户并不关心误差太大的估计。它类似于 0-1 损失函数，但不太对接近真实值的参数估计做惩罚。
- 复杂非线性损失函数可以编程：

```
def loss(true_value, estimate):
  if estimate*true_value > 0:
     return abs(estimate - true_value)
  else:
     return abs(estimate)*(estimate - true_value)**2
```

- 日常生活中的另一个例子是：气象预报员常使用损失函数。气象预报员有很强的动力尽量准确地预报下雨的概率，也有动力去错误地暗示可能有雨。为什么是这样？人们更喜欢有所准备，即使可能不会下雨，也不喜欢下雨造成措手不及。出于这个原因，预报员倾向于人为地增加降雨概率和夸大这一估计，因为这能带来更大的好处。

5.2.1 现实世界中的损失函数

到目前为止，我们一直是基于一个不太现实的假设，即假设参数的真实值已知。当然，如果我们知道真实值，再劳心去估计是没有意义的。因此，一个损失函数只有当真实值是未知的时才有实际意义。

在贝叶斯推断中，我们认为未知参数是一个有先验分布和后验分布的随机变量。对于后验分布，从中抽取的一个值表示着对真实值的一个可能实现。给定该实现，我们可以计算与估计相关的损失。当我们有关于未知参数的整个分布（后验分布），我们应该更有兴趣计算这个估计的期望损失。这个期望损失相比于从后验分布中只取一个样本得来的损失来说是一个更好的估计值。

第一，这有助于解释**贝叶斯点估计**。现代社会的系统和机制并不接受后验分布作为输入。当某人要求一个估计的时候，直接告诉他一个分布会显得很不礼貌。在我们这个时代，当面临不确定性时，我们仍然将我们的不确定性提炼成一个单独动作。同样，我们需要提炼我们的后验分布为单一的值（或向量，在多变量的情况下）。如果能够智能地选择这个单一值，我们就能够避免那些掩盖了不确定性的频率派方法中的缺陷，并提供更有信息含量的结果。这个选出来的值，如果是来自于贝叶斯后验分布，则称之为一个贝叶斯点估计。

若 $P(\theta|X)$ 是观测数据 X 之后 θ 的后验分布，则下面的函数可以理解为选择估计值$\hat{\theta}$来估计 θ 的期望损失：

$$l(\hat{\theta})=E_{\theta}[L(\theta,\hat{\theta})]$$

这也被称为估计值 $\hat{\theta}$ 的风险。期望符号的下标 θ 是用来表示 θ 是期望的未知（随机）变量，这东西起初可能难以考虑。

我们花了整个第 4 章讨论如何近似期望值。鉴于来自于后验分布的 N 个样本 $\theta_i,i=1,\cdots,N$，给定损失函数 L，我们可以用大数定理近似计算选择估计值 $\hat{\theta}$ 的期望损失：

$$\frac{1}{N}\sum_{i=1}^{N}L(\theta_i,\hat{\theta})\approx E_{\theta}[L(\theta,\hat{\theta})]=l(\hat{\theta})$$

注意，经由期望损失函数估计会比 MAP 估计用到更多的分布信息，因为 MAP 只能找到分布的最大值，并忽略分布的形状信息。忽略一些信息，则会使自己过于暴露于尾部风险——像飓风这种可能性很小但是存在的风险下，并导致估计结果无视参数的未知性。

类似地，频率派方法传统上只是旨在最大限度地减少错误，并没有考虑与该错误对应的结果的损失。频率派方法几乎可以保证永远不会绝对地准确。贝叶斯点估计方法通过提前计划解决这个问题：如果你的估计将是错误的，你还不如以正确的姿势犯错——模糊的正确胜过精确的错误。

5.2.2 实例：优化“价格竞猜”游戏的展品出价

如果你被选为“价格竞猜”比赛的选手，那么恭喜你，在这里我们将告诉你如何优化你的最终出价。

这是比赛的规则：

1. 比赛双方争夺竞猜展台商品的价格。
2. 每位参赛者都看到独一无二的一套奖品。

3. 观看后，每位参赛者被要求给出对于自己那套奖品的投标价格。

4. 如果投标价格超过实际价格，投标者被取消获奖资格。

5. 如果投标价格低于真正的价格，且差距在$ 250 以内，投标者获得两套奖品。

游戏的难度在于平衡价格的不确定性，保持您的出价足够低，以便不过高出价，并且接近真实价格。

假设我们记录了之前的“价格竞猜”比赛，并且获得了真实价格的先验分布。为简单起见，假设它遵循一个正态分布：

$$\text{真实价格} \sim \text{Normal}(\mu_p,\sigma_p)$$

现在，我们先假设 μ_p=35 000, σ_p=7 500。

我们需要一个关于我们应该怎么玩的模型。对于每个奖品，我们有个关于价格的大概想法，但这种猜测可能与真实价格显著不同。（在舞台上压力会成倍增加，你可以看到为什么有些出价这么疯狂。）我们假设你关于奖品价格的信念也是正态分布：

$$\text{Prize}_i \sim \text{Normal}(\mu_i,\sigma_i),\ i=1,2$$

这就是贝叶斯分析的伟大之处：我们可以通过 μ_i 参数指定一个公平的价格，并用 σ_i 参数表示我们猜测的不确定性。为简单起见，我们假设每套只有两个奖品，但这可以扩展到任何数量。该套奖品的真实价格，可以由 $\text{Prize}_1+\text{Prize}_2+\epsilon$ 确定，其中 ϵ 是某个误差项。我们感兴趣的是在我们观察到两个奖项后更新的真实价格和对其的信念分布。我们可以使用 PyMC 实现这一过程。

让我们取一些具体的值。假设套装有两个奖品：

1. 一趟奇妙的加拿大多伦多之旅！

2. 一个可爱的新吹雪机！

我们对这些奖品的真实价格有一些猜测，但是我们也非常不确定。我们可以用正态分布表达这种不确定性：

$$\text{吹雪机} \sim \text{Normal}(3\ 000,500)$$

$$\text{多伦多之旅} \sim \text{Normal}(12\ 000,3\ 000)$$

例如，我相信前往多伦多旅行的真实价格为 12 000 美元，但有 68.2% 的概率价格会下降 1 个标准差，也就是说，我认为有 68.2% 的概率行程价格在 [9 000, 15 000] 区间中。这些先验概率被表示在图 5.2.1 中。

我们可以写一些 PyMC 代码来推断该套件的真实价格，如图 5.2.2 所示。

```
%matplotlib inline
import scipy.stats as stats
from IPython.core.pylabtools import figsize
import numpy as np
import matplotlib.pyplot as plt
plt.rcParams['savefig.dpi'] = 300
plt.rcParams['figure.dpi'] = 300

figsize(12.5, 9)

norm_pdf = stats.norm.pdf

plt.subplot(311)
x = np.linspace(0, 60000, 200)
sp1 = plt.fill_between(x, 0, norm_pdf(x, 35000, 7500),
                color="#348ABD", lw=3, alpha=0.6,
                label="historical total prices")
p1 = plt.Rectangle((0, 0), 1, 1, fc=sp1.get_facecolor()[0])
plt.legend([p1], [sp1.get_label()])

plt.subplot(312)
x = np.linspace(0, 10000, 200)
sp2 = plt.fill_between(x, 0, norm_pdf(x, 3000, 500),
                color="#A60628", lw=3, alpha=0.6,
                 label="snowblower price guess")

p2 = plt.Rectangle((0, 0), 1, 1, fc=sp2.get_facecolor()[0])
plt.legend([p2], [sp2.get_label()])

plt.subplot(313)
x = np.linspace(0, 25000, 200)
sp3 = plt.fill_between(x , 0, norm_pdf( x, 12000, 3000),
                color="#7A68A6", lw=3, alpha=0.6,
                 label="trip price guess")
plt.autoscale(tight=True)
p3 = plt.Rectangle((0, 0), 1, 1, fc=sp3.get_facecolor()[0])
plt.title("Prior distributions for unknowns: the total price,\
        the snowblower's price, and the trip's price")
```

```
plt.legend([p3], [sp3.get_label()]);
plt.xlabel("Price");
plt.ylabel("Density")
```

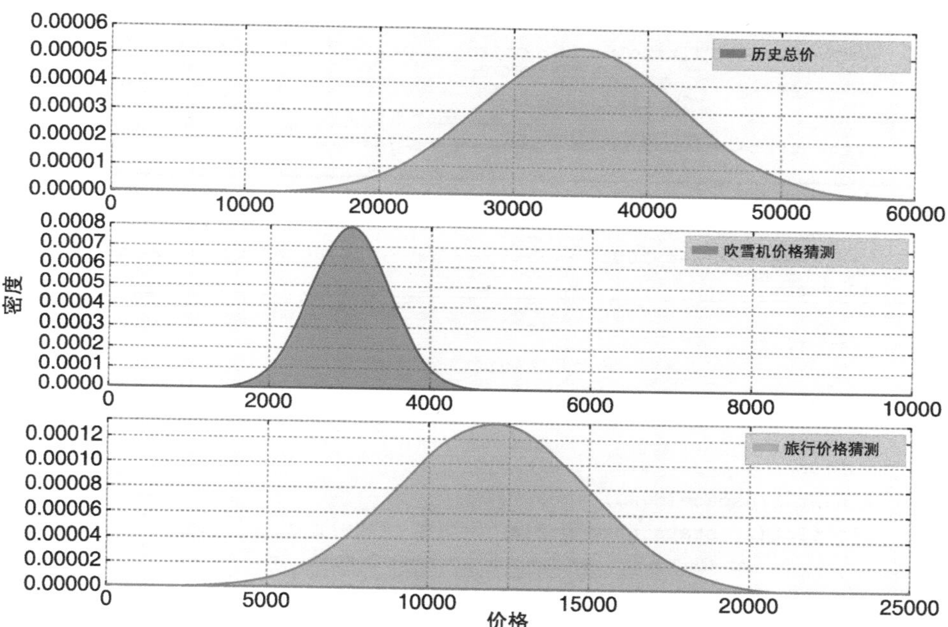

图 5.2.1 总价、吹雪机价格和旅行价格等未知数的先验分布

```
import pymc as pm

data_mu = [3e3, 12e3]

data_std = [5e2, 3e3]

mu_prior = 35e3
std_prior = 75e2
true_price = pm.Normal("true_price", mu_prior, 1.0 / std_prior ** 2)


prize_1 = pm.Normal("first_prize", data_mu[0], 1.0 / data_std[0] ** 2)
prize_2 = pm.Normal("second_prize", data_mu[1], 1.0 / data_std[1] ** 2)
price_estimate = prize_1 + prize_2
```

```
@pm.potential
def error(true_price=true_price, price_estimate=price_estimate):
    return pm.normal_like(true_price, price_estimate, 1 / (3e3) ** 2)


mcmc = pm.MCMC([true_price, prize_1, prize_2, price_estimate, error])
mcmc.sample(50000, 10000)

price_trace = mcmc.trace("true_price")[:]
```

```
[Output]:

[----------------100%----------------] 50000 of 50000 complete in
10.9 sec
```

```
figsize(12.5, 4)

import scipy.stats as stats

# Plot the prior distribution.
x = np.linspace(5000, 40000)
plt.plot(x, stats.norm.pdf(x, 35000, 7500), c="k", lw=2,
         label="prior distribution\n of suite price")

# Plot the posterior distribution, represented by samples from the MCMC.
_hist = plt.hist(price_trace, bins=35, normed=True, histtype="stepfilled")
plt.title("Posterior of the true price estimate")
plt.vlines(mu_prior, 0, 1.1*np.max(_hist[0]), label="prior's mean",
           linestyles="--")
plt.vlines(price_trace.mean(), 0, 1.1*np.max(_hist[0]), \
    label="posterior's mean", linestyles="-.")
plt.legend(loc="upper left");
```

请注意，基于吹雪机价格、旅行价格和随后的猜测（包括有关这些猜测的不确定性），我们将平均价格估计下调约$ 15 000。

一个频率派学者，看到了两个奖项，并认为它们的价格不变的话，会给出$\mu_1+\mu_2$= $ 35 000 的投标，不管任何不确定性。与此同时，朴素贝叶斯会简单地挑选后验分布的均值。但是，关于最终的结果，我们有更多的信息，我们应该将它们纳入我们的出价中。我们将使用损失函数来找到最佳出价（对于我们的损失函数是最优解）。

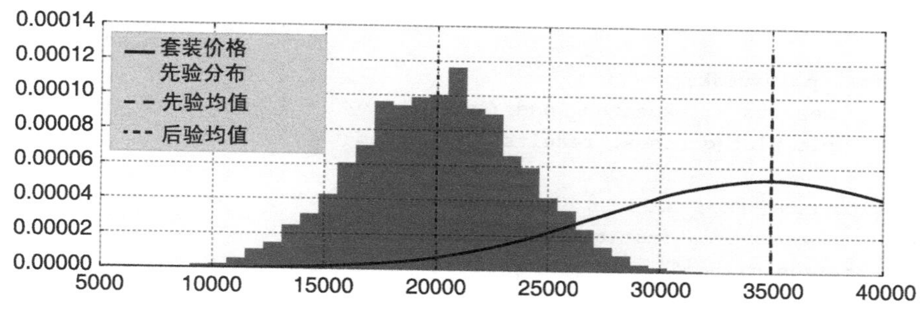

图 5.2.2 真实价格估计的后验分布

参赛者的损失函数应该看起来什么样？下面是一个例子：

```
def showcase_loss(guess, true_price, risk=80000):
    if true_price < guess:
        return risk
    elif abs(true_price - guess) <= 250:
        return -2 * np.abs(true_price)
    else:
        return np.abs(true_price - guess - 250)
```

其中 risk 是一个参数，表明如果你的猜测高于真正的价格的糟糕程度。我已经任意挑选一个值：80 000。风险较低意味着你更能够忍受出价高于真实价格的情况。如果我们出价低于真实价格，并且差异小于$ 250，我们将获得两套奖品（这里模拟为一套的两倍）。否则，当我们的出价比真实价格低，我们要尽可能接近，因此其损失是猜测和真实价格之间的距离的递增函数。

对于每一个可能的出价，我们计算与该出价相关联的期望损失。我们改变 risk 参数去看它如何影响我们的损失。结果如图 5.2.3 所示。

```
figsize(12.5, 7)
# NumPy-friendly showdown_loss
def showdown_loss(guess, true_price, risk=80000):
        loss = np.zeros_like(true_price)
        ix = true_price < guess
        loss[~ix] = np.abs(guess - true_price[~ix])
        close_mask = [abs(true_price - guess) <= 250]
        loss[close_mask] = -2 * true_price[close_mask]
        loss[ix] = risk
        return loss
```

```
guesses = np.linspace(5000, 50000, 70)
risks = np.linspace(30000, 150000, 6)
expected_loss = lambda guess, risk: showdown_loss(guess, price_trace,
                                                  risk).mean()

for _p in risks:
    results = [expected_loss (_g, _p) for _g in guesses]
    plt.plot(guesses, results, label="%d"%_p)


plt.title("Expected loss of different guesses, \nvarious risk levels of \
        overestimating")
plt.legend(loc="upper left", title="risk parameter")
plt.xlabel("Price bid")
plt.ylabel("Expected loss")
plt.xlim(5000, 30000);
```

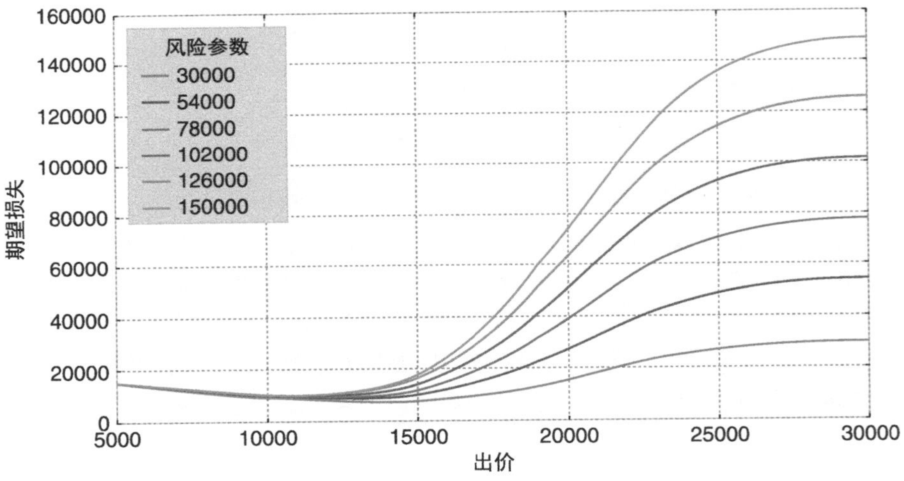

图 5.2.3 在多种过高估计的风险水平下不同猜测的期望损失

最小化我们的损失 最大限度地减少我们的损失是明智的选择，这对应于上面图中的每条曲线的最小值点。更正式地说，我们希望通过寻找以下公式的解来减少我们的期望损失。

$$\arg\min_{\hat{\theta}} E_{\theta}[L(\theta,\hat{\theta})]$$

期望损失的最小值被称为贝叶斯行动。我们可以使用 SciPy 的优化程序求解贝叶斯行动。scipy.optimize 模块中的 fmin 函数用一种智能的搜索，寻找任一单变量或多变量函数的极值（不一定是全局极值）。在大多数情况下，fmin 能够给出你想要的答案。

我们将计算图 5.2.4 这个例子的最小损失。

```
import scipy.optimize as sop

ax = plt.subplot(111)


for _p in risks:
    _color = ax._get_lines.color_cycle.next()
    _min_results = sop.fmin(expected_loss, 15000, args=(_p,),disp=False)
    _results = [expected_loss(_g, _p) for _g in guesses]
    plt.plot(guesses, _results , color=_color)
    plt.scatter(_min_results, 0, s=60,
                color=_color, label="%d"%_p)
    plt.vlines(_min_results, 0, 120000, color=_color, linestyles="--")
    print "minimum at risk %d: %.2f"%(_p, _min_results)

plt.title("Expected loss and Bayes actions of different guesses, \n \
          various risk levels of overestimating")
plt.legend(loc="upper left", scatterpoints=1,
           title="Bayes action at risk:")
plt.xlabel("Price guess")
plt.ylabel("Expected loss")
plt.xlim(7000, 30000)
plt.ylim(-1000, 80000);
```

```
[Output]:

minimum at risk 30000: 14189.08
minimum at risk 54000: 13236.61
minimum at risk 78000: 12771.73
minimum at risk 102000: 11540.84
minimum at risk 126000: 11534.79
minimum at risk 150000: 11265.78
```

```
[Output]:

(-1000, 80000)
```

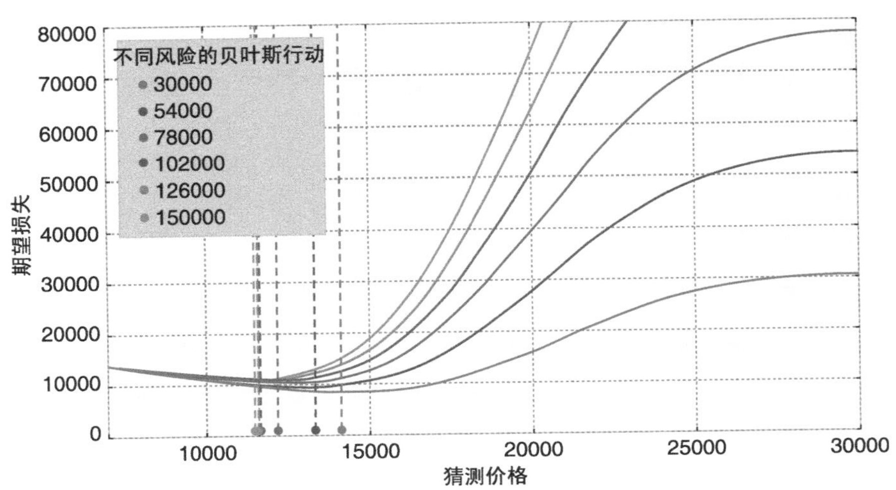

图 5.2.4 在多种过高估计的风险水平下不同猜测的期望损失和贝叶斯行动

当我们降低风险阈值（不那么担忧出价过高），我们可以提高我们的出价，想要更接近真实价格。最终的优化了的损失和我们起初的后验平均损失（大约是 20 000）之间的差距也值得注意。

在高维函数中，肉眼是无法找到到极值的，这就是为什么我们需要使用 SciPy 的 fmin 功能。

捷径 有些损失函数的贝叶斯行动可以用显式公式表达。我们列出一些例子。

- 如果使用均方损失，贝叶斯行动是后验分布的均值，即，$E_\theta[\theta]$ 将 $E_\theta[(\theta-\hat{\theta})^2]$ 最小化。这需要我们去计算后验样本的均值（见第 4 章的大数定律）。
- 当后验分布的中位数将绝对期望损失函数最小化时，用样本的中位数来近似是非常准确的。
- 事实上，可以证明 MAP 估计是某个损失函数收缩到 0-1 损失的解。

也许现在清楚了，为什么第一个介绍的损失函数在贝叶斯推断中最常使用：它不需要复杂的优化。幸运的是，机器能帮我们做复杂运算。

5.3 机器学习中的贝叶斯方法

当频率论方法企图在所有可能的参数下达到最佳精度，机器学习更在意得到最佳的预测。通常情况下，预测措施和频率论优化方法大相径庭。

例如，最小二乘线性回归是最简单的积极的机器学习算法。我说积极的，是因为它包含一些学习的功能，其中单纯预测样本均值从技术上讲更简单，但学到的东西很少。确定回归系数的损失函数是平方误差损失函数。从另一方面来说，如果你的预测损失函数（或评分函数，这是负的损失）不是一个平方误差损失函数，你的最小二乘线对于预测损失函数将不会是最优值。这可能导致预测结果是次优的。

寻找贝叶斯行动等价于寻找一些参数，这些参数优化的不是参数精度，而是任意某种表现。不过我们需要先定义表现（损失函数、AUC、ROC、准确率/召回等）。

用接下来的两个例子来说明。第一个例子是一个线性模型。其中，我们可以选择使用最小二乘损失函数，或一个新的、对结果敏感的损失函数。第二个例子是改自 Kaggle 数据科学比赛项目。与我们的预测相关的损失函数是非常复杂的。

5.3.1 实例：金融预测

假设将来的某只股票价格回报是非常小的，比如说 0.01（或 1%）。我们有一个模型可以预测股票的未来价格，我们的利润和损失将直接依赖于基于预测价格的行动。如何衡量模型的现在和未来预测相关的损失？平方误差损失函数对正负号不加区分，预测值 -0.01 和 0.03 的惩罚相同：

$$(0.01-(-0.01))^2=(0.01-0.03)^2=0.0004$$

如果你基于模型的预测下了赌注，那么 0.03 的预测值会使你赚钱，而 -0.01 的预测值会使你赔钱，但损失函数无法提示这一点。我们需要一个更好的损失函数，即考虑到了预测价格的正负号和真正的价值的损失函数。我们设计了对金融应用更好的损失函数，如图 5.3.1 所示。

```
figsize(12.5, 4)
def stock_loss(true_return, yhat, alpha=100.):
    if true_return*yhat < 0:
        # opposite signs, not good
        return alpha*yhat**2 - np.sign(true_return)*yhat \
                        + abs(true_return)
    else:
        return abs(true_return - yhat)
true_value = .05
pred = np.linspace(-.04, .12, 75)
```

```
plt.plot(pred, [stock_loss(true_value, _p) for _p in pred], \
    label = "loss associated with\n prediction if true value = 0.05", lw=3)
plt.vlines(0, 0, .25, linestyles="--")

plt.xlabel("Prediction")
plt.ylabel("Loss" )
plt.xlim(-0.04, .12)
plt.ylim(0, 0.25)

true_value = -.02
plt.plot(pred, [stock_loss(true_value, _p) for _p in pred], alpha=0.6, \
   label="loss associated with\n prediction if true value = -0.02", lw=3)
plt.legend()
plt.title("Stock returns loss if true value = 0.05, -0.02" );
```

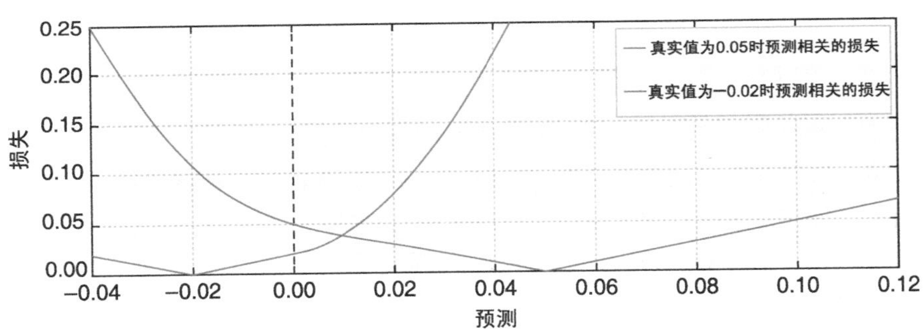

图 5.3.1　当真实值为 0.05 或 −0.02 的时候股票回报的损失函数

当预测值经过 0 的时候，请注意观察损失曲线形状的变化。这个损失反映了用户并不想猜错符号，尤其不想大幅度地猜错。

为什么用户要关心量级？为什么当预测正确时这个损失不是 0？当然，如果回报是 0.01，并且我们下注几百万赢了，我们仍然会（非常）开心。

金融机构应对下行风险（如预测方向是错误的，量级很大）和上行风险（预测方向是正确的，量级很大）的态度是相似的。两者都被视为危险的行为而不被鼓励。因此，当我们进一步远离真实价格，我们的损失会增加，但在正确方向上的极端损失较小。

我们将会在被认为能够预测未来回报的交易信号上做一个回归。数据是人工虚构的，因为绝大多数金融数据都不是线性。在图 5.3.2 中，我们沿着最小方差线画出了数据分布情况。

```
# code to create artificial data
N = 100
X = 0.025 * np.random.randn(N)
Y = 0.5 * X + 0.01 * np.random.randn(N)

ls_coef_ = np.cov(X, Y)[0,1]/np.var(X)
ls_intercept = Y.mean() - ls_coef_*X.mean()

plt.scatter(X, Y, c="k")
plt.xlabel("Trading signal")
plt.ylabel("Returns")
plt.title("Empirical returns versus trading signal")
plt.plot(X, ls_coef_ * X + ls_intercept, label="least-squares line")
plt.xlim(X.min(), X.max())
plt.ylim(Y.min(), Y.max())
plt.legend(loc="upper left");
```

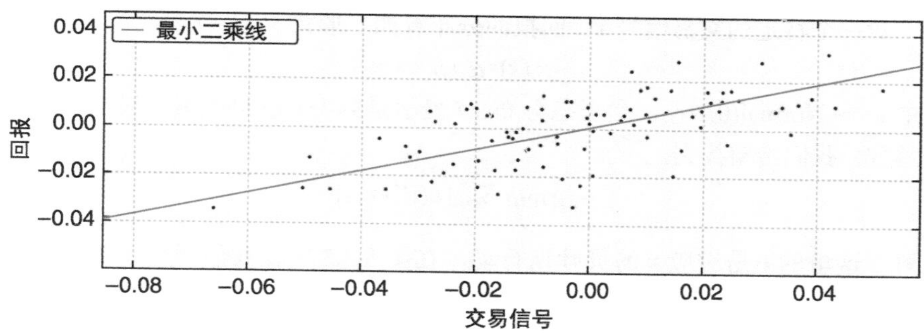

图 5.3.2　经验回报与交易信号

我们对这个数据集使用简单的贝叶斯线性回归。我们寻求以下的模型

$$R=\alpha+\beta x+\epsilon$$

其中 α、β 是未知参数，$\epsilon\sim$ Normal$(0,1/\tau)$，即服从正态分布。α、β 最常用的先验是正态分布。设定 τ 的先验使得 $\sigma=1/\sqrt{\tau}$ 是 0 到 100 的均匀分布 [等价地，那么 $\tau=1/\text{Uniform}(0,100)^2$]。

```
import pymc as pm
from pymc.Matplot import plot as mcplot

std = pm.Uniform("std", 0, 100, trace=False)
```

```
@pm.deterministic
def prec(U=std):
    return 1.0 / U **2

beta = pm.Normal("beta", 0, 0.0001)
alpha = pm.Normal("alpha", 0, 0.0001)

@pm.deterministic
def mean(X=X, alpha=alpha, beta=beta):
    return alpha + beta * X

obs = pm.Normal("obs", mean, prec, value=Y, observed=True)
mcmc = pm.MCMC([obs, beta, alpha, std, prec])

mcmc.sample(100000, 80000);
```

```
[Output]:

[---------------100%---------------] 100000 of 100000 complete in
23.2 sec
```

对一个特定的交易信号 x，回报的分布有如下形式

$$R_i(x)=\alpha_i+\beta_i x+\epsilon$$

其中 $\epsilon \sim \text{Normal}(0,1/\tau_i)$，是正态分布，$i$ 表示是第 i 个后验样本。对于给定的损失函数，我们希望找到

$$\arg\min_r E_{R(x)}[L(R(x),r)]$$

的解。这里的 r 是对应 x 的贝叶斯行动。在图 5.3.3 中，我们画出了相对于不同交易信号的贝叶斯行动。你有什么发现吗?

```
figsize(12.5, 6)
from scipy.optimize import fmin

def stock_loss(price, pred, coef=500):
    sol = np.zeros_like(price)
    ix = price*pred < 0
    sol[ix] = coef * pred **2 - np.sign(price[ix]) * pred + abs(price[ix])
    sol[~ix] = abs(price[~ix] - pred)
    return sol

tau_samples = mcmc.trace("prec")[:]
alpha_samples = mcmc.trace("alpha")[:]
beta_samples = mcmc.trace("beta")[:]
N = tau_samples.shape[0]
```

```
noise = 1. / np.sqrt(tau_samples) * np.random.randn(N)

possible_outcomes = lambda signal: alpha_samples + beta_samples * signal \
                                   +u noise

opt_predictions = np.zeros(50)
trading_signals = np.linspace(X.min(), X.max(), 50)
for i, _signal in enumerate(trading_signals):
        _possible_outcomes = possible_outcomes(_signal)
        tomin = lambda pred: stock_loss(_possible_outcomes, pred).mean()
        opt_predictions[i] = fmin(tomin, 0, disp=False)


plt.xlabel("Trading signal")
plt.ylabel("Prediction")
plt.title("Least-squares prediction versus Bayes action prediction" )
plt.plot(X, ls_coef_ * X + ls_intercept,
           label="least-squares prediction")
plt.xlim(X.min(), X.max())
plt.plot(trading_signals, opt_predictions,
           label="Bayes action prediction")
plt.legend(loc="upper left");
```

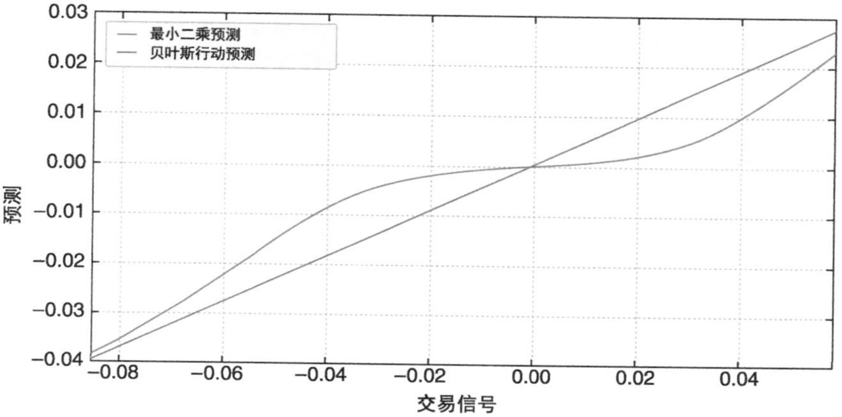

图 5.3.3　最小二乘预测与贝叶斯行动预测

图 5.3.3 有趣的是，当交易信号接近为 0，正负回报都可能出现，我们最好的（相对于我们的损失）行动是预测接近为 0，也就是说处于中立。只有当我们

都非常自信时，我们才进场下注。我把这种风格的模型称为**稀疏预测**，即当我们对不确定性感到不安时，选择不作为。（相比较而言，最小二乘预测为 0 是少见的。）

检查我们的模型是否仍然合理的标准是，当信号变得越来越极端，我们对正负回报的预测越来越自信，模型将会收敛到最小二乘线。

稀疏预测模型不是想要千方百计地去拟合数据，这反而是最小二乘模型的长处。稀疏预测试图找到针对我们定义的股票损失的最好预测。换句话说，最小二乘模型没有试图做出最好的预测（股票损失所定义的预测），这是稀疏预测模型的长处。而最小二乘模型试图找到相对于平方误差下的数据的最佳拟合。

5.3.2　实例：Kaggle 观测暗世界大赛

学习贝叶斯方法的一个个人动机是试图拼凑出一个成功的解决方案，以赢得 Kaggle 观测暗世界比赛。比赛的网站上说："肉眼所见的宇宙实在太小。在宇宙中存在一种物质形式，7 倍于我们能观测到的数量。我们对它的了解仅限于知道它既不发光也不吸收光，除此之外我们一无所知。所以我们把它称为**暗物质**。"

这样大规模的暗物质的存在是不容忽视的。事实上，我们看到，暗物质能够聚集并形成大规模的结构，称为**暗物质光晕**。

虽然是暗的，它却能够扭曲时空，使得来自背景星系的任何光线在接近暗物质时路径发生改变。这种弯曲导致星系在天空中看起来为椭圆。

本次大赛是关于暗物质的可能位置的预测。比赛的获胜者 Tim Salimans 使用贝叶斯推断找到了暗物质光晕的最可能位置（有趣的是，第二名得主也采用了贝叶斯推断）。在取得 Tim 许可后，我们在这里提供了他的解决方案（参见 http://timsalimans.com/observing-dark-worlds/.）。

1. 构造一个光晕位置 $p(x)$ 的先验分布，即在观察数据之前，我们先有个大致的预期光晕位置。

2. 给定暗物质光晕的位置，构造一个假定位置已知情况下数据的概率模型（观察到的星系椭圆率）$p(e|x)$。

3. 使用贝叶斯法则得到光晕位置的后验分布，即利用数据猜测暗物质晕的可能位置。

4. 最小化光晕位置预测的后验分布的期望损失 $\hat{x} = \text{argmin}_{\text{prediction}} E_{p(e|x)}[L(\text{prediction}, x)]$，即在给定的误差度量下，尽量好地调整我们的预测。

在这个问题中，损失函数相当复杂。对于想要彻底弄明白的读者，损失函数附在文件 DarkWorldsMetric.py 中。然而我不建议全部读完它，因为损失函数大概有 160 行代码，而不是什么简单的 1 行代码就可以搞定的数学方法。损失函数试图在欧氏距离上无偏移地衡量预测的精度。更多的细节可见比赛网站主页。

我们将会通过 PyMC 和我们对损失函数的理解来实现 Tim 的优胜解决方案。

5.3.3 数据

该数据集实际上是 300 份单独的文件，分别代表一个星空。在每个文件或星空中，有 300 至 720 个星系。每个星系都有一个与之关联的 x 和 y 位置——取值范围从 0 到 4 200，以及椭圆率的参数 e_1 和 e_2。这些参数的意义可以在 https://www.kaggle.com/c/DarkWorlds/details/an-introduction-to-ellipticity 中找到，但只是为了可视化我们才关注它。一个典型的星空可能看起来像图 5.3.4 那样。

```
from draw_sky2 import draw_sky

n_sky = 3 # choose a file/sky to examine
data = np.genfromtxt("data/Train_Skies/Train_Skies/\
Training_Sky%d.csv"%(n_sky),
                     dtype=None,
                     skip_header=1,
                     delimiter=",",
                     usecols=[1,2,3,4])
print "Data on galaxies in sky %d."%n_sky
print "position_x, position_y, e_1, e_2 "
print data[:3]

fig = draw_sky(data)
plt.title("Galaxy positions and ellipticities of sky %d."%n_sky)
plt.xlabel("$x$ position")
plt.ylabel("$y$ position");
```

```
[Output]:

Data on galaxies in sky 3.
position_x, position_y, e_1, e_2
[[ 1.62690000e+02 1.60006000e+03 1.14664000e-01 -1.90326000e-01]
 [ 2.27228000e+03 5.40040000e+02 6.23555000e-01  2.14979000e-01]
 [ 3.55364000e+03 2.69771000e+03 2.83527000e-01 -3.01870000e-01]]
```

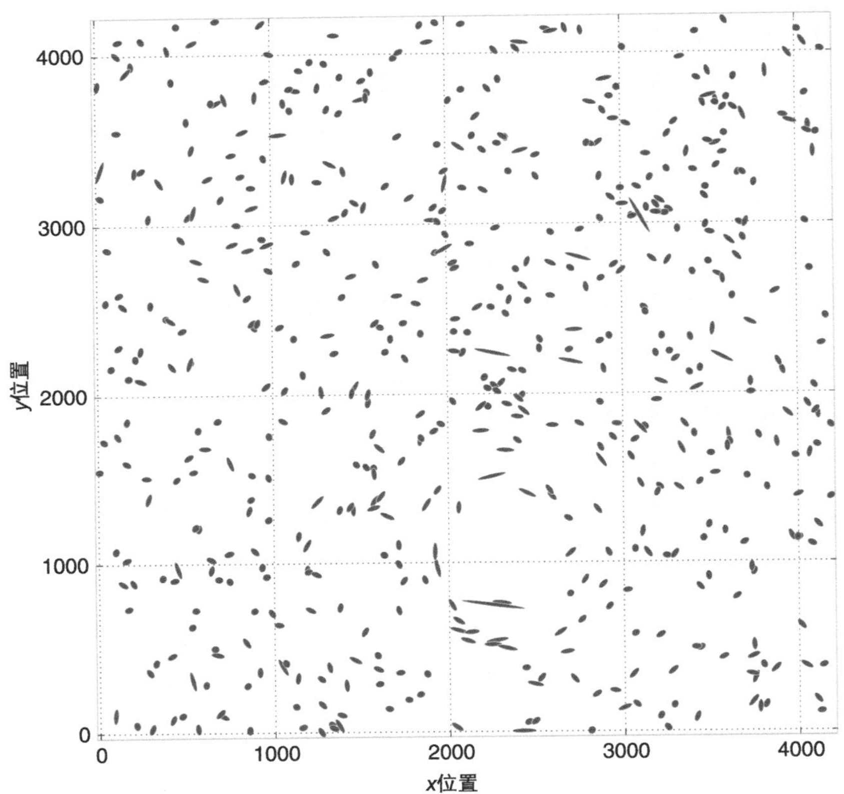

图 5.3.4　星空 3 中星系的位置和椭圆率

5.3.4　先验

每个星空有一个、两个或三个暗物质光晕。在 Tim 的解决方案中，关于光晕位置的先验是一个均匀分布

$$x_i \sim \text{Uniform}(0,4\,200)$$

$$y_i \sim \text{Uniform}(0,4\,200), i=1,2,3$$

Tim 和其他参赛者注意到大多数星空含有一个大的光晕，如果还有其他光晕的话，多半是非常小的。大的光晕质量大，更能够影响周围的星系。他认为，大光晕的质量服从一个 40 到 180 之间的对数均匀分布，即

$$m_{\text{large}}=\log \text{Uniform}(40,180)$$

在 PyMC 中，

```
exp_mass_large = pm.Uniform("exp_mass_large", 40, 180)
@pm.deterministic
def mass_large(u = exp_mass_large):
    return np.log(u)
```

（这就是为什么我们称之为对数均匀分布。）对于较小的星系，Tim 把它们的质量设定为 20 的对数。为什么 Tim 不为小星系的质量设定先验，或把它当作未知数呢？我相信这是为了加快算法的收敛。事实上，怎么设定并没有太多限制，因为毕竟小星系的影响较小。

Tim 合乎逻辑地假设每个星系的椭圆率依赖于光晕的位置、星系和光晕之间的距离以及光晕的质量。因此，每个星系的椭圆率的矢量 $\boldsymbol{e}_i$ 是关于光晕位置（x，y）、距离（细节稍后讨论）、和光晕质量的函数。

Tim 通过阅读文献和论坛帖子，设想了一种位置和椭圆率的联系。他认为以下是一个合理的关系：

$$e_i|(x,y) \sim \text{Normal}(\sum_{j=\text{光晕位置}} d_{i,j} m_j f(r_{i,j}), \sigma^2)$$

其中 $d_{i,j}$ 是正切方向（光晕 j 使得星系 i 光线弯曲的方向），m_j 是光晕 j 的质量，$f(r_{i,j})$ 是光晕 j 和星系 i 的欧氏距离的递减函数。

对于大的光晕，Tim 的函数 f 定义为

$$f(r_{i,j})=\frac{1}{\min(r_{i,j},240)}$$

对于小的光晕，则是

$$f(r_{i,j})=\frac{1}{\min(r_{i,j},70)}$$

这些公式能够完全地把我们的观察和未知数结合起来。这个模型十分简洁，Tim 提到简洁性也是需要纳入考虑的，防止模型过拟合。

5.3.5　训练和 PyMC 实现

对于每一个星空，我们运行贝叶斯模型，去寻找光晕的后验，期间并未使用已知的光晕位置。这与 Kaggle 比赛中可能更传统的方法稍许不同，这个模型

不使用其他的星空或已知的光晕位置的数据。这并不意味着其他的数据是不必要的。实际上，该模型本身就是通过比较不同的星空而创建的。

```
def euclidean_distance(x, y):
    return np.sqrt(((x - y) **2).sum(axis=1))

def f_distance(gxy_pos, halo_pos, c):
    # foo_position should be a 2D numpy array.
    return np.maximum(euclidean_distance(gxy_pos, halo_pos), c)[:,None]

def tangential_distance(glxy_position, halo_position):
    # foo_position should be a 2D numpy array.
    delta = glxy_position - halo_position
    t = (2*np.arctan(delta[:,1]/delta[:,0]))[:,None]
    return np.concatenate([-np.cos(t), -np.sin(t)], axis=1)

import pymc as pm

# Set the size of the halo's mass.
mass_large = pm.Uniform("mass_large", 40, 180, trace=False)

# Set the initial prior position of the halos; it's a 2D Uniform
# distribution.
halo_position = pm.Uniform("halo_position", 0, 4200, size=(1,2))

@pm.deterministic
def mean(mass=mass_large, h_pos=halo_position, glx_pos=data[:,:2]):
    return mass/f_distance(glx_pos, h_pos, 240)*\
           tangential_distance(glx_pos, h_pos)

ellpty = pm.Normal("ellipticity", mean, 1./0.05, observed=True,
                   value=data[:,2:] )
mcmc = pm.MCMC([ellpty, mean, halo_position, mass_large])
map_ = pm.MAP([ellpty, mean, halo_position, mass_large])
map_.fit()
mcmc.sample(200000, 140000, 3)
```

```
[Output]:

[****************100%******************] 200000 of 200000 complete
```

在图 5.3.5 中，我们绘制后验分布的热力分布图（这只是后验的散点图，但我们可以把它想象为一个热力图）。你在图中可以看到，红点表示那里的光晕后验分布。

```
t = mcmc.trace("halo_position")[:].reshape( 20000,2)

fig = draw_sky(data)
plt.title("Galaxy positions and ellipticities of sky %d."%n_sky)
plt.xlabel("$x$ position")
plt.ylabel("$y$ position")
scatter(t[:,0], t[:,1], alpha=0.015, c="r")
plt.xlim(0, 4200)
plt.ylim(0, 4200);
```

最有可能的位置看起来像一个致命的伤口。

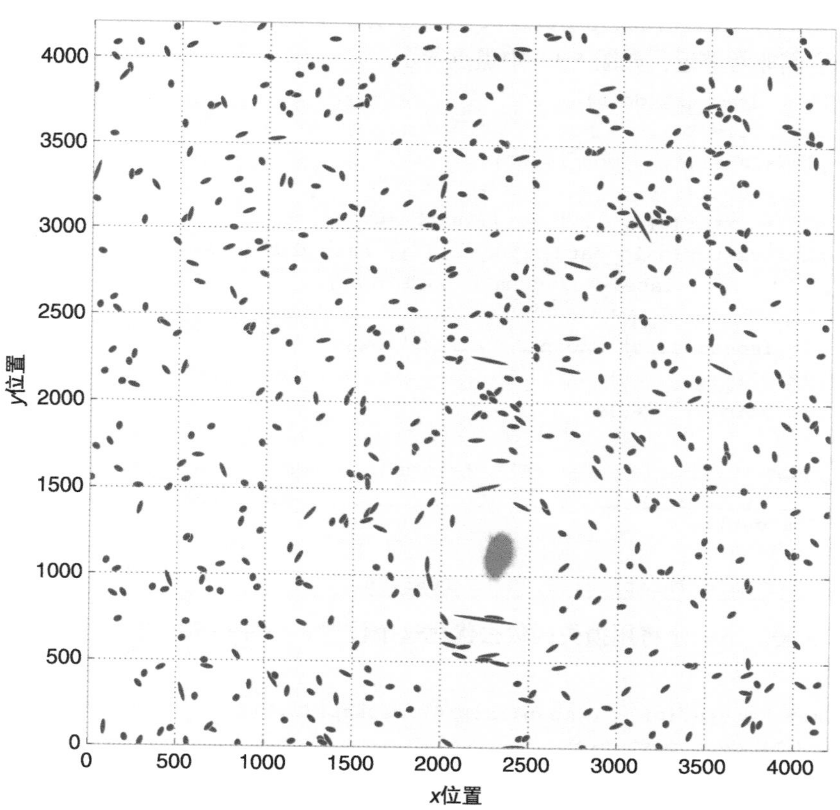

图 5.3.5 星空 3 中星系的位置和椭圆率

与每个星空有关的是另一个数据点，位于 Training_halos.csv 中，它含有该星空中至多三个暗物质光晕的位置。例如，我们训练的夜空中有光晕的位置：

```
halo_data = np.genfromtxt("data/Training_halos.csv",
                          delimiter=",",
                          usecols=[1,2,3,4,5,6,7,8,9],
                          skip_header=1)
print halo_data[n_sky]
```

```
[Output]:

[ 3.00000000e+00 2.78145000e+03 1.40691000e+03 3.08163000e+03
1.15611000e+03 2.28474000e+03 3.19597000e+03 1.80916000e+03
8.45180000e+02]
```

第三和第四列代表光晕真正的 *x*、*y* 坐标。看起来贝叶斯方法找到的光晕位置与它们非常邻近，如图 5.3.6 中黑点所示。

```
fig = draw_sky(data)
plt.title("Galaxy positions and ellipticities of sky %d."%n_sky)
plt.xlabel("$x$ position")
plt.ylabel("$y$ position" )
plt.scatter(t[:,0], t[:,1], alpha=0.015, c="r")
plt.scatter(halo_data[n_sky-1][3], halo_data[n_sky-1][4],
            label="true halo position",
            c="k", s=70)
plt.legend(scatterpoints=1, loc="lower left")
plt.xlim(0, 4200)
plt.ylim(0, 4200);

print "True halo location:", halo_data[n_sky][3], halo_data[n_sky][4]
```

```
[Output]:

True halo location: 1408.61 1685.86
```

完美。下一步将用损失函数去优化这个位置。一种朴素的方法是简单地选择均值：

```
mean_posterior = t.mean(axis=0).reshape(1,2)
print mean_posterior
```

```
[Output]:

[[ 2324.07677813 1122.47097816]]
```

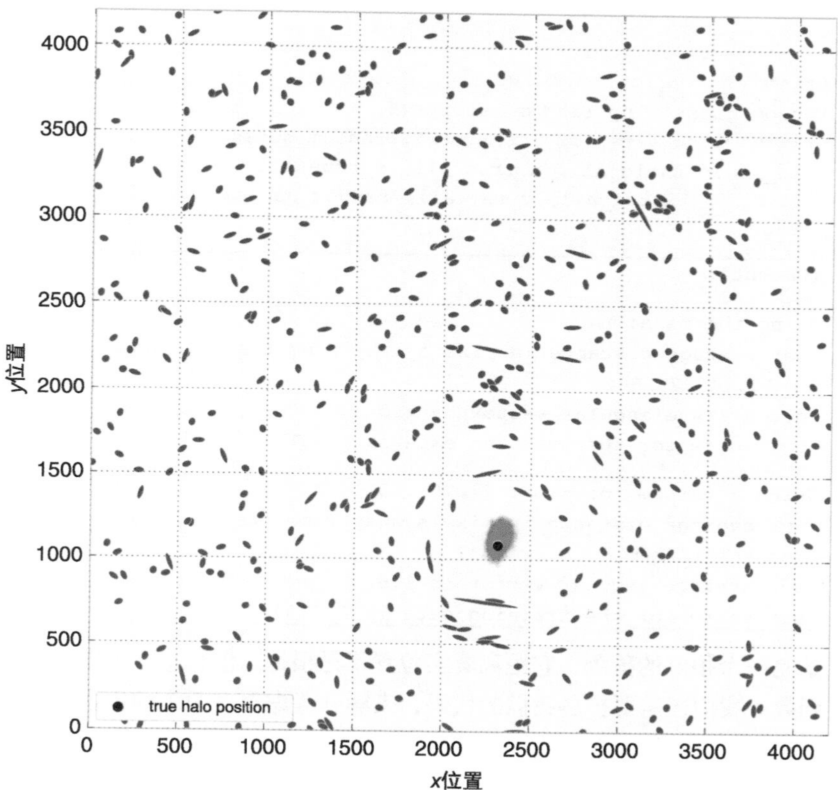

图 5.3.6 星空 3 中星系的位置和椭圆率

```
from DarkWorldsMetric import main_score

_halo_data = halo_data[n_sky-1]

nhalo_all = _halo_data[0].reshape(1,1)
x_true_all = _halo_data[3].reshape(1,1)
y_true_all = _halo_data[4].reshape(1,1)
x_ref_all = _halo_data[1].reshape(1,1)
y_ref_all = _halo_data[2].reshape(1,1)
sky_prediction = mean_posterior

print "Using the mean:"
main_score(nhalo_all, x_true_all, y_true_all, \
           x_ref_all, y_ref_all, sky_prediction)
```

```
# What's a bad score?
print
random_guess = np.random.randint(0, 4200, size=(1,2))
print "Using a random location:", random_guess
main_score(nhalo_all, x_true_all, y_true_all, \
           x_ref_all, y_ref_all, random_guess)
print
```

```
[Output]:

Using the mean:
Your average distance in pixels away from the true halo is
    31.1499201664
Your average angular vector is 1.0
Your score for the training data is 1.03114992017

Using a random location: [[2755 53]]
Your average distance in pixels away from the true halo is
    1773.42717812
Your average angular vector is 1.0
Your score for the training data is 2.77342717812
```

这是一个很好的猜测，它距离真实位置不是很远，但它忽略了提供给我们的损失函数。我们还需要扩展我们的代码，来额外考虑至多两个的更小的光晕。让我们创建一个自动化 PyMC 的函数。

```
from pymc.Matplot import plot as mcplot

def halo_posteriors(n_halos_in_sky, galaxy_data,
                    samples = 5e5, burn_in = 34e4, thin = 4):

# Set the size of the halo's mass.

mass_large = pm.Uniform("mass_large", 40, 180)

mass_small_1 = 20
mass_small_2 = 20

masses = np.array([mass_large,mass_small_1, mass_small_2],
                  dtype=object)

# Set the initial prior positions of the halos; it's a 2D Uniform
# distribution.
halo_positions = pm.Uniform("halo_positions", 0, 4200,
                 size=(n_halos_in_sky,2))
```

```
    fdist_constants = np.array([240, 70, 70])

    @pm.deterministic
    def mean(mass=masses, h_pos=halo_positions, glx_pos=data[:,:2],
            n_halos_in_sky = n_halos_in_sky):

      _sum = 0
      for i in range(n_halos_in_sky):
          _sum += mass[i] / f_distance( glx_pos,h_pos[i, :],
               fdist_constants[i])*\
                  tangential_distance( glx_pos, h_pos[i, :])

      return _sum


    ellpty = pm.Normal("ellipticity", mean, 1. / 0.05, observed=True,
                       value = data[:,2:])

    map_ = pm.MAP([ellpty, mean, halo_positions, mass_large])
    map_.fit(method="fmin_powell")

    mcmc = pm.MCMC([ellpty, mean, halo_positions, mass_large])
    mcmc.sample(samples, burn_in, thin)
    return mcmc.trace("halo_positions")[:]

n_sky =215
data = np.genfromtxt("data/Train_Skies/Train_Skies/\
Training_Sky%d.csv"%(n_sky),
                     dtype=None,
                     skip_header=1,
                     delimiter=",",
                     usecols=[1,2,3,4])

# There are 3 halos in this file.
samples = 10.5e5
traces = halo_posteriors(3, data, samples=samples,
                                  burn_in=9.5e5,
                                  thin=10)
```

```
[Output]:

[*************100%*****************] 1050000 of 1050000 complete
```

```
fig = draw_sky(data)
plt.title("Galaxy positions, ellipticities, and halos of sky %d."%n_sky)
plt.xlabel("$x$ position")
plt.ylabel("$y$ position")
```

```
colors = ["#467821", "#A60628", "#7A68A6"]

for i in range(traces.shape[1]):
    plt.scatter(traces[:, i, 0], traces[:, i, 1], c=colors[i],
                alpha=0.02)


for i in range(traces.shape[1]):
    plt.scatter(halo_data[n_sky-1][3 + 2 * i],
          halo_data[n_sky-1][4 + 2 * i],
             label="true halo position", c="k", s=90)

plt.xlim(0, 4200)
plt.ylim(0, 4200);
```

```
[Output]:

(0, 4200)
```

正如你在图 5.3.7 中看到的，这看起来很不错，尽管它花了很长时间才达到（某种）收敛。我们的优化应该会是这个样子。

```
_halo_data = halo_data[n_sky-1]
print traces.shape

mean_posterior = traces.mean(axis=0).reshape(1,4)
print mean_posterior


nhalo_all = _halo_data[0].reshape(1,1)
x_true_all = _halo_data[3].reshape(1,1)
y_true_all = _halo_data[4].reshape(1,1)
x_ref_all = _halo_data[1].reshape(1,1)
y_ref_all = _halo_data[2].reshape(1,1)
sky_prediction = mean_posterior


print "Using the mean:"
main_score([1], x_true_all, y_true_all, \
            x_ref_all, y_ref_all, sky_prediction)

# What's a bad score?
print
random_guess = np.random.randint(0, 4200, size=(1,2))
print "Using a random location:", random_guess
main_score([1], x_true_all, y_true_all, \
            x_ref_all, y_ref_all, random_guess)
print
```

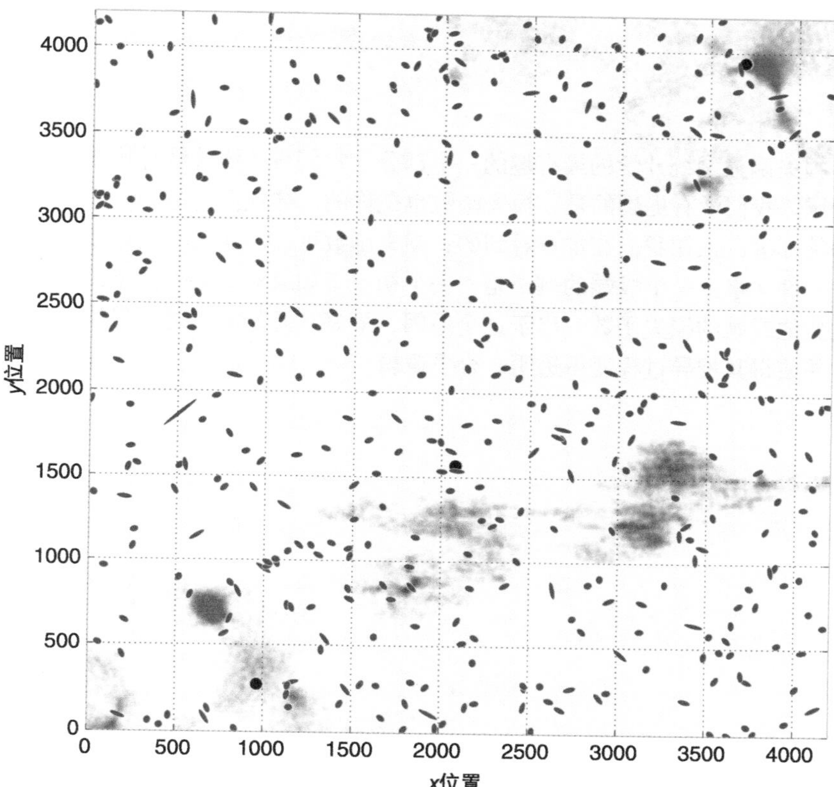

图 5.3.7 星空 215 中星系的位置、椭圆率和光晕

```
[Output]:

(10000L, 2L, 2L)
[[ 48.55499317 1675.79569424 1876.46951857 3265.85341193]]
Using the mean:
Your average distance in pixels away from the true halo is
    37.3993004245
Your average angular vector is 1.0
Your score for the training data is 1.03739930042
Using a random location: [[2930 4138]]
Your average distance in pixels away from the true halo is
    3756.54446887
Your average angular vector is 1.0
Your score for the training data is 4.75654446887
```

5.4　结论

损失函数是统计学的最有趣的一个部分。它们直接连接统计推断和问题所在的领域。我们没有提到的是，损失函数也是你的总体模型里的另一个自由度。这是一件好事，正如我们在本章看到的；损失函数可以被非常有效地使用，但也可以是一件坏事。一个极端的例子是，一个初习者如果对结果不满意的话，可以随意改变他或她的损失函数。出于这个原因，最好在开始分析之后尽快确定损失函数，并使得其推导过程变得透明、合乎逻辑。

第6章 弄清楚先验

6.1 引言

本章重点介绍在贝叶斯方法中的最具有争议的部分：如何选择一个合适的先验分布。我们还介绍当数据变大时先验如何影响变化，以及先验和线性回归的惩罚项之间的一个有趣的关系。

在这本书中，我们大多忽略了如何进行先验选择。这并不很好，因为我们本可以通过先验表达更多的信息，但我们也必须小心地选择先验。尤其是在当我们希望表现得更为客观，而不是加入对先验的任何个人信念时。

6.2 主观与客观先验

贝叶斯先验可分为两类。一类是**客观先验**，旨在让数据最大程度地影响后验。第二类是**主观先验**，可以让从业者来表达自己对先验的个人看法。

6.2.1 客观先验

客观先验的例子是怎么样的呢？我们已经看到了一些，例如**扁平先验**，这是一种在整个未知参数范围内的均匀分布。用扁平先验意味着我们给每一个可能的值相等的权重。选择这种类型的先验我们称之为**无差别原理**：我们没有理由偏好某个具体数值。把一个有限空间上的扁平先验称为客观先验是不正确的，虽然二者看起来相似。如果我们知道在二项式模型里 p 大于 0.5，则（0.5，1）内的均匀分布不是客观先验（因为我们已经使用外部知识），即使分布在 [0.5，1] 内为真正的“扁平”。扁平先验必须在整个参数范围内扁平，包括 0 到 0.5。

除了扁平先验之外，其他客观先验的例子不太明显，但它们均含有体现客观性的重要特征。就目前而言，应该说，很少有客观先验是真正的客观的。我们稍后会看到这一点。

6.2.2 主观先验

另一方面，如果我们对先验的特定区域增大概率可能性，而对其他区域相应减小，这样便将我们的推断向具有更大可能性区域的参数偏倚。这被称为一个主观先验，或信息先验。

在图 6.2.1 中，主观先验描述了一个信念，即未知参数可能位于在 0.5 附近，而不是在极点。而客观先验对此是不敏感的。

```
%matplotlib inline
import numpy as np
from IPython.core.pylabtools import figsize
import matplotlib.pyplot as plt
import scipy.stats as stats
plt.rcParams['savefig.dpi'] = 300
plt.rcParams['figure.dpi'] = 300


figsize(12.5,3)
colors = ["#348ABD", "#A60628", "#7A68A6", "#467821"]

x = np.linspace(0,1)
y1, y2 = stats.beta.pdf(x, 1, 1), stats.beta.pdf(x, 10, 10)

p = plt.plot(x, y1,
    label='An objective prior \n(uninformative, \n"Principle of\
     Indifference")')
plt.fill_between(x, 0, y1, color=p[0].get_color(), alpha=0.3)

p = plt.plot(x, y2,
    label='A subjective prior \n(informative)')
plt.fill_between(x, 0, y2, color=p[0].get_color(), alpha=0.3)

p = plt.plot(x[25:], 2*np.ones(25), label="Another subjective prior")
plt.fill_between(x[25:], 0, 2, color=p[0].get_color(), alpha=0.3)

plt.ylim(0, 4)

plt.ylim(0, 4)
leg = plt.legend(loc="upper left")
leg.get_frame().set_alpha(0.4)
plt.xlabel('Value')
plt.ylabel('Density')
```

```
plt.title("Comparing objective versus subjective priors for an unknown\
          probability");
```

使用主观先验并不总是意味着我们采用从业者的主观意见。更多的时候，主观先验是对之前问题的后验，而此刻从业者正在用新的数据更新这个后验。一个主观先验也可用于将相关领域的知识注入到模型中去。稍后我们将看到这两种情况的例子。

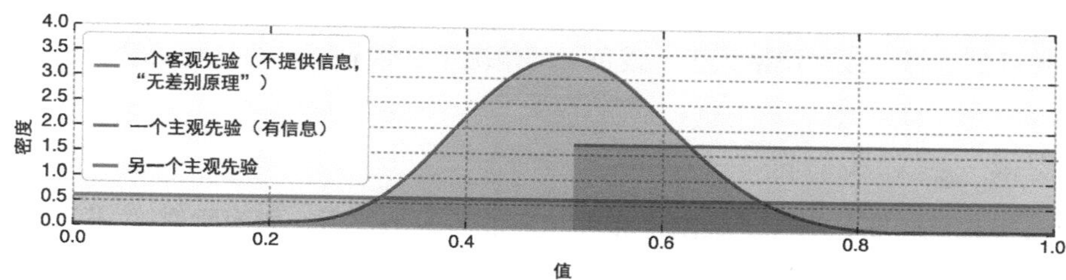

图 6.2.1 对一个未知概率，客观先验和主观先验的对比

6.2.3 决策，决策……

客观或主观先验的选择主要取决于需要解决的问题，但也有少数情况会优先选择某种先验。在科学研究中，选择客观先验是显而易见的，因为这消除了结论中的任何偏见。它应该要让两个对研究主题有不同的信念的研究人员仍然觉得同一个客观先验是“公平”的。

考虑一个更加极端的情况：假设某烟草公司发布了一份使用贝叶斯方法的报告，挑战进行了六十年的对烟草使用的医学研究。你会相信这个结果？不太可能。研究人员可能按照他们的意愿选择了一种带有严重偏倚的主观先验。

遗憾的是，选择一个客观先验并不是像选择一个扁平先验那样简单，而且即使在今天，这个问题仍然没有得到彻底解决。不管三七二十一地选择均匀先验作为客观先验有可能会导致病态问题。其中某些问题可能过于学究气，但我们将在后面看到什么时候会构成问题的例子。

我们必须记住：选择先验，无论是主观的或客观的，仍是建模过程的一部分。引用格尔曼的话：

“在模型已经拟合之后，应该检查后验分布，看看它是否有意义。如果后验分布没有意义，这意味着额外的知识尚未包括在模型中，而且违背了已经使用的先验分布的假设。这时候合适的做法是，再回头去改变先验分布，使之与外部知识更加一致”。

如果后验分布看起来没有意义，那么显然你对后验分布应该是怎样的（而不是希望它怎样）有了想法，这意味着当前的先验分布不包含所有的初始信息，应该更新。此时我们可以放弃当前的先验，而选择一个更能反映我们所有初始信息的先验。

格尔曼建议，使用一个大边界的均匀分布往往是一个很好的客观先验选择。然而，人们应该警惕使用具有大边界的均匀客观先验，因为它们会对极端不敏锐的数据点分配过大的先验概率。问问你自己：一个未知值可以不可思议的大吗？一个数经常是会自然地偏向于 0 的。带有大方差（小精度）的正态随机变量可能是更好的选择，或在严格为正（或负）的情况下选带有宽尾的指数变量。

6.2.4　经验贝叶斯

经验贝叶斯是结合了频率论和贝叶斯推断的小技巧。如前所说，（几乎）所有的推断问题，都同时有贝叶斯方法和频率论方法。两者之间的显著区别在于，贝叶斯方法有一个带超参数 α 和 τ 的先验分布，而经验方法不具有任何先验的概念。经验贝叶斯结合了两种方法，即使用频率论方法来选择 α 和 τ，然后用贝叶斯方法解决原来的问题。

一个很简单的例子如下。假设我们希望估计方差 $\sigma = 5$ 的正态分布的参数 μ，因为 μ 的范围可以是所有实数，我们可以使用正态分布作为 μ 的先验。接下来，我们必须选择先验的超参数，表示为$(\mu_p,\ \sigma_p^2)$。σ_p^2参数可以反映我们的不确定性。对于 μ_p，我们有两个选项。

1. 经验贝叶斯建议使用经验的样本均值，这将使先验居中于经验样本均值：

$$\mu_p=\frac{1}{N}\sum_{i=1}^{N}X_i$$

2. 传统贝叶斯推断建议使用先验知识，或者更客观的先验（0 均值和大的标准差）。

相比于客观贝叶斯推断，经验贝叶斯可以说是半客观的，因为当前先验模式的选择是由我们确定的（因此是主观的），而参数则仅由数据来确定（因此是客观的）。

就个人而言，我觉得经验贝叶斯方法是对数据重复计数。就是说，我们使用了曾经在先验中的数据，因而将影响针对观测数据的结果，进而影响在 MCMC 的推断引擎中的结果。这种重复计数会低估我们真正的不确定性。为了减少这种重复计数，我只会建议，当你有很多观测样本时才使用经验贝叶斯，否则先验将有过于强烈的影响。我还建议，如果可能的话，要保持高度的不确定性（通过设置大方差 σ_p^2或其他等价方法）。

经验贝叶斯也违反了贝叶斯推断的哲学。教科书中的贝叶斯算法为

先验=>观测数据=>后验

而经验贝叶斯的算法为

观测数据=>先验=>观测数据=>后验

理想的情况下，所有的先验应在观测数据之前决定，以使数据不影响我们先验的观点（见丹尼尔·卡尼曼等人关于锚定的研究文集）。

6.3 需要知道的有用的先验

在下文中，我们将介绍在贝叶斯分析和方法中常用的一些分布。

6.3.1 Gamma 分布

Gamma 随机变量，记为 $X \sim \text{Gamma}(\alpha, \beta)$，是在一个正实数的随机变量。它实际上是指数随机变量的推广，即

$$\text{Exp}(\beta) \sim \text{Gamma}(1, \beta)$$

其中一个额外的参数允许概率密度函数有更多的灵活性，因此允许从业者来更准确地表达他或她的主观先验。Gamma 随机变量的密度函数为

$$f(x \mid \alpha, \beta) = \frac{\beta^{\alpha} x^{\alpha-1} e^{-\beta x}}{\Gamma(\alpha)}$$

其中，$\Gamma(\alpha)$ 是 Gamma 函数。在图 6.3.1 中，我们绘制了不同 α、β 的 Gamma 分布。

```
figsize(12.5, 5)
gamma = stats.gamma

parameters = [(1, 0.5), (9, 2), (3, 0.5), (7, 0.5)]
x = np.linspace(0.001, 20, 150)
for alpha, beta in parameters:
    y = gamma.pdf(x, alpha, scale=1./beta)
    lines = plt.plot(x, y, label="(%.1f,%.1f)"%(alpha,beta), lw=3)
    plt.fill_between(x, 0, y, alpha=0.2, color=lines[0].get_color())
    plt.autoscale(tight=True)

plt.legend(title=r"$\alpha, \beta$ - parameters")
plt.xlabel('Value')
plt.ylabel('Density')
plt.title(r "The Gamma distribution for different values of $\alpha$ and\
        $\beta$");
```

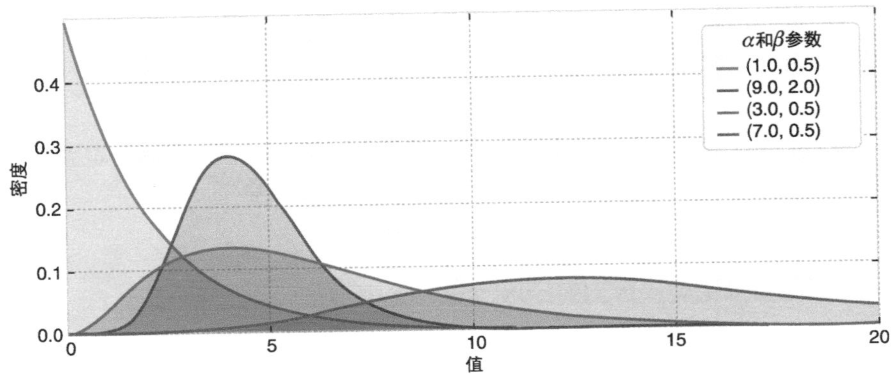

图 6.3.1　α 和 β 取不同值的 Gamma 分布

6.3.2　威沙特分布

到现在为止，我们只看到了是标量的随机变量。当然，我们也可以有随机矩阵！具体地说，**威沙特分布**是所有半正定矩阵的分布。为什么这非常有用呢？合适的协方差矩阵是正定的，因此该威沙特分布是一个协方差矩阵的适当的先验。我们不能真正很好地可视化一个矩阵分布，所以在图 6.3.2 中，我们将绘制来自于 4×4（顶行）和 15×15（底行）威沙特分布的某些实现。

```
import pymc as pm

n = 4
hyperparameter = np.eye(n)
for i in range(5):
    ax = plt.subplot(2, 5, i+1)
    plt.imshow(pm.rwishart(n+1, hyperparameter), interpolation="none",
                cmap=plt.cm.hot)
    ax.axis("off")

n = 15
hyperparameter = 10*np.eye(n)
for i in range(5, 10):
    ax = plt.subplot(2, 5, i+1)
    plt.imshow(pm.rwishart(n+1, hyperparameter), interpolation="none",
               cmap=plt.cm.hot)
    ax.axis("off")

plt.suptitle("Random matrices from a Wishart distribution");
```

有一点需要注意的是这些矩阵的对称性，它反映了协方差的对称性。威沙特分布处理起来会有点麻烦，但我们会在稍后的例子中用到。

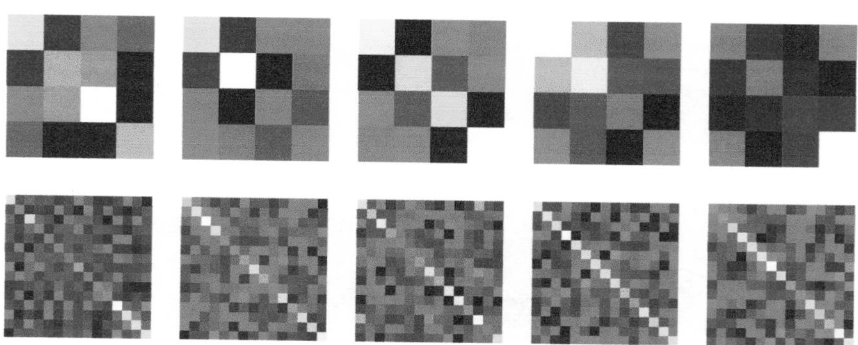

图 6.3.2 来自于威沙特分布的 4×4（顶行）和 15×15（底行）随机矩阵

6.3.3 Beta 分布

您可能已经在本书前面的代码中看到 beta 一词。我经常都是在实现一个 **Beta 分布**。Beta 分布在贝叶斯统计学中非常有用。一个随机变量 X 如果有以下的密度函数，就是一个具有参数（α，β）的 Beta 分布。

$$f_X(x|\alpha,\beta)=\frac{x^{(\alpha-1)}(1-x)^{(\beta-1)}}{B(\alpha,\beta)}$$

在前面的问题中，B 是 beta 函数（Beta 分布因此得名）。Beta 分布的随机变量定义在 0 到 1 之间，使其成为概率和比例的热门选择。并且，正的参数 α、β 为分布的形状提供了很大的灵活性。在图 6.3.3 中，我们绘制一些不同的 α、β 参数的 Beta 分布。

```
figsize(12.5, 5)

params = [(2,5), (1,1), (0.5, 0.5), (5, 5), (20, 4), (5, 1)]

x = np.linspace(0.01, .99, 100)
beta = stats.beta
for a, b in params:
    y = beta.pdf(x, a, b)
    lines = plt.plot(x, y, label="(%.1f,%.1f)"%(a,b), lw = 3)
    plt.fill_between(x, 0, y, alpha=0.2, color=lines[0].get_color())
    plt.autoscale(tight=True)

plt.ylim(0)
plt.legend(loc='upper left', title="(a,b)-parameters")
```

```
plt.xlabel('Value')
plt.ylabel('Density')
plt.title(r "The Beta distribution for different values of $\alpha$ and\
        $\beta$");
```

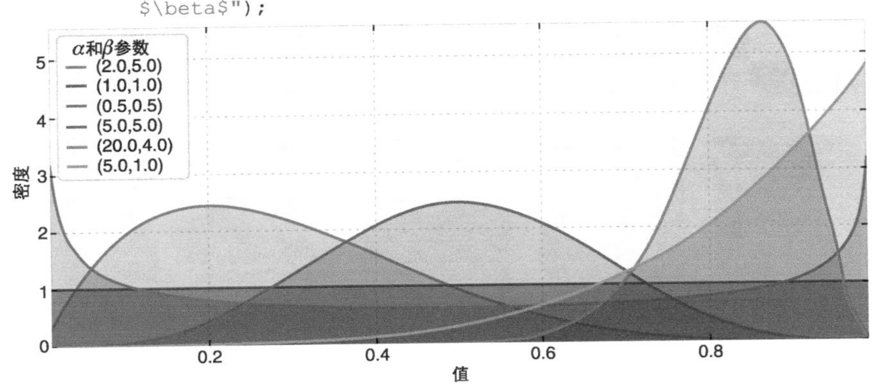

图 6.3.3　不同 α、β 参数的 Beta 分布

在上图中，有一件事我想让读者注意，即扁平分布的存在，此时指定参数为（1，1）。它是一种均匀分布。因此，Beta 分布是均匀分布的更一般的形式，我们将多次提到这点。

Beta 分布和二项分布之间有一个有趣的关系。假设我们感兴趣的是一些未知的比例或概率 p。我们设定它存在一个 Beta(α，β) 先验分布，我们观察一个由二项式过程 $X \sim \text{Binomial}(N，p)$ 产生的一些数据，其中 p 仍然是未知的。于是我们的后验分布仍然是 Beta 分布，即 $p|X \sim \text{Beta}(\alpha + X，\beta + N-X)$。非常简洁地将二者联系到一起：一个 Beta 先验分布连同二项式生成的观测数据形成一个 Beta 后验分布。这是一个非常有用的性质，无论是从计算的角度还是启发性的角度。

具体来说，如果我们设 p（这是一个均匀分布）的先验为 Beta(1，1)，观察 $X \sim \text{Binomial}(N，p)$ 的数据，那么我们的后验是 Beta($1 + X$，$1 + N-X$)。例如，如果我们在 N=25 次试验里观察到 X=10 次成功，那么我们关于 p 的后验是 Beta(1 + 10，1 + 25−10) = Beta(11，16) 的分布。

6.4　实例：贝叶斯多臂老虎机

假设你面对十台老虎机（被美称为多臂老虎机）。每台老虎机会以某种概率发奖金（假设每台老虎机奖金相同，只是概率不同）。有些老虎机非常大方，其他则没有这么多。当然，你不知道这些概率。通过每次仅选择一个老虎机，我们的任务是制订一项战略，以赢取最多的奖金。

当然，如果我们知道哪台老虎机拥有最大的概率，然后总是挑这台，必定会产生最多的奖金。因此，我们的任务可表述为“尽快找出最好的老虎机”。

该任务因老虎机的随机性而变得复杂。在偶然情况下，次优的老虎机也可以返回许多奖金，这使我们相信，这就是最优的那一台。同样，在偶然的情况下，最好的老虎机也可以返回很多哑弹。我们是应该继续尝试那台失败的机器，还是放弃？

一个更为棘手的问题是，如果我们发现了返回奖金相当不错的老虎机，我们是继续依靠它维持我们相当不错的成绩，还是尝试其他机器以期找到一个更好的老虎机？这就是探索与利用的困境。

6.4.1 应用

初看起来，多臂老虎机问题似乎只是虚构的、数学家才喜欢研究的问题，但那只是因为以前我们还没有说到某些应用。

- 互联网展示广告：公司有一系列可以展示给潜在客户的广告，但该公司并不清楚要遵循哪些广告策略，以最大限度地提高销售。这类似于 A / B 测试，但附加的好处是可以自然地减少那些不成功的策略。
- 生态学：动物只有有限的能量用于耗费，而且某些行为带来的回报是不确定的。动物如何最大化其适应度？
- 金融：在随时间变化的回报量中，哪些股票期权能给出最高的回报？
- 临床试验：一位研究人员希望在众多的方案中找出最好的治疗方法，同时最大限度地减少损失。

事实证明，寻找最佳的解决方案是非常困难的，而且可能经过几十年才能找到最佳方案。也有许多近似最优的解决方案，其结果也相当好。我想讨论的是极少数扩展性强、易于修改的解决方案中的一种。该方案被称为贝叶斯老虎机方案。

6.4.2 一个解决方案

该算法开始于一个无知的状态，它什么都不知道，并开始通过测试系统来获取数据。在获取数据和结果上，它可以学习什么是最好的和最差的行为（在这种情况下，它了解哪个老虎机是最好的）。按照这样的思路，或许我们可以给多臂老虎机问题增加一个用途：

- 心理学：赏罚如何影响我们的行为？人类如何学习？

贝叶斯解决方案首先假定每个老虎机发奖金的先验概率。因为我们假设对这些概率完全无知，所以自然地，我们采用 0 到 1 的扁平先验分布。

算法如下：

1. 从老虎机 b 的先验中随机抽取一个样本 X_b，对于所有的老虎机执行同样操作。
2. 选择样本值最高的老虎机，也就是说，选择 $B = \text{argmax } X_b$。
3. 观察拉动老虎机 B 的结果，而更新 B 的先验分布。
4. 返回到第 1 步。

就这么简单。计算方面，该算法涉及 N 个分布采样。因为最初的先验是 Beta (α=1，β=1)，是一个均匀分布，且观察到的样本结果 X（盈利和亏损分别编码为 1 和 0）是二项分布，所以后验是 Beta($\alpha = 1 + X$，$\beta = 1 + 1-X$)。

若要回答我们之前的问题，这个算法表明，我们不应该直接放弃结果不理想的老虎机，而是随着我们建立信念认为还有更好的老虎机，应该以一定的下降概率去选择它们。这时因为总是有一个非零的概率，使得一个不好的老虎机将成为拥有最大样本值的老虎机 B，但概率会随着我们玩更多轮而逐渐降低（见图 6.4.1）。

下一步，我们用两个类实现贝叶斯老虎机方案：Bandits 类，它定义了老虎机；BayesianStrategy 类，它实现了之前的学习策略。

```
from pymc import rbeta

class Bandits(object):
    """
    This class represents N bandits.

    parameters:
      p_array: an (N,) NumPy array of probabilities >0, <1.
    methods:
      pull(i): return the results, 0 or 1, of pulling
               the ith bandit.
"""
def __init__(self, p_array):
    self.p = p_array
    self.optimal = np.argmax(p_array)

def pull(self, i):
    # i is which arm to pull. Returns True if a reward is earned, False else.
    return np.random.rand() < self.p[i]

def __len__(self):
    return len(self.p)


class BayesianStrategy(object):
    """
```

```
    Implements an online learning strategy to solve
    the multi-armed bandit problem.

    parameters:
      bandits: a Bandit class with .pull method

    methods:
      sample_bandits(n): sample and train on n pulls.
    attributes:
      N: the cumulative number of samples
      choices: the historical choices as an (N,) array
      bb_score: the historical score as an (N,) array
    """

    def __init__(self, bandits):

        self.bandits = bandits
        n_bandits = len(self.bandits)
        self.wins = np.zeros(n_bandits)
        self.trials = np.zeros(n_bandits)
        self.N = 0
        self.choices = []
        self.bb_score = []


    def sample_bandits(self, n=1):

        bb_score = np.zeros(n)
        choices = np.zeros(n)

        for k in range(n):
            # sample from the bandit's priors, and select the largest sample
            choice = np.argmax(rbeta(1 + self.wins, 1 + self.trials - self.wins))

            # sample the chosen bandit
            result = self.bandits.pull(choice)

            # update priors and score
            self.wins[choice] += result
            self.trials[choice] += 1
            bb_score[k] = result
            self.N += 1
            choices[k] = choice

        self.bb_score = np.r_[self.bb_score, bb_score]
        self.choices = np.r_[self.choices, choices]
        return
```

在图 6.4.1 中，我们可以形象地画出贝叶斯算法的过程。

```
figsize(11.0, 10)

beta = stats.beta
x = np.linspace(0.001,.999,200)

def plot_priors(bayesian_strategy, prob, lw=3, alpha=0.2, plt_vlines=True):
    # plotting function
    wins = bayesian_strategy.wins
    trials = bayesian_strategy.trials
for i in range(prob.shape[0]):
    y = beta(1 + wins[i], 1 + trials[i] - wins[i])
    p = plt.plot(x, y.pdf(x), lw=lw)
    c = p[0].get_markeredgecolor()
    plt.fill_between(x,y.pdf(x),0 ,color=c, alpha=alpha,
           label="underlying probability: %.2f"%prob[i])
    if plt_vlines:
     plt.vlines(prob[i], 0, y.pdf(prob[i]),
          colors=c, linestyles="--", lw=2)
    plt.autoscale(tight="True")
    plt.title("Posteriors after %d pull"%bayesian_strategy.N +\
          "s"*(bayesian_strategy.N>1))
    plt.autoscale(tight=True)
return

hidden_prob = np.array([0.85, 0.60, 0.75])
bandits = Bandits(hidden_prob)
bayesian_strat = BayesianStrategy(bandits)

draw_samples = [1, 1, 3, 10, 10, 25, 50, 100, 200, 600]

for j,i in enumerate(draw_samples):
    plt.subplot(5, 2, j+1)
    bayesian_strat.sample_bandits(i)
    plot_priors(bayesian_strat, hidden_prob)
    plt.autoscale(tight=True)
plt.xlabel('Value')
plt.ylabel('Density')
plt.title("Posterior distributions of our inference about each bandit\
         after different numbers of pulls")
plt.tight_layout()
```

请注意，我们并不真正关心对隐含概率的估计的准确度——对于这个问题，我们更感兴趣的是选择最好的老虎机（或者更准确地说，更有信心地选择最好的老虎机）。出于这样的原因，红色老虎机的分布很宽（代表我们对隐含概率一无所知），但我们有理由相信，这不是最好的，所以算法选择忽略它。

从图 6.4.1 中我们可以看到，经过 1 000 局后，大多数“蓝色”的函数遥遥领先，因此我们几乎总是选择这台老虎机。这是一件好事，因为这确实是最好的老虎机。

观测比率对最高概率的偏离可以作为对性能的衡量。例如，我们可以最优地获得最大的老虎机概率的长期回报 / 局数率。长期获得的该比率如果小于最大比率，则表示低效。（该比率由于随机性有可能大于最大概率，但最终将低于它。）

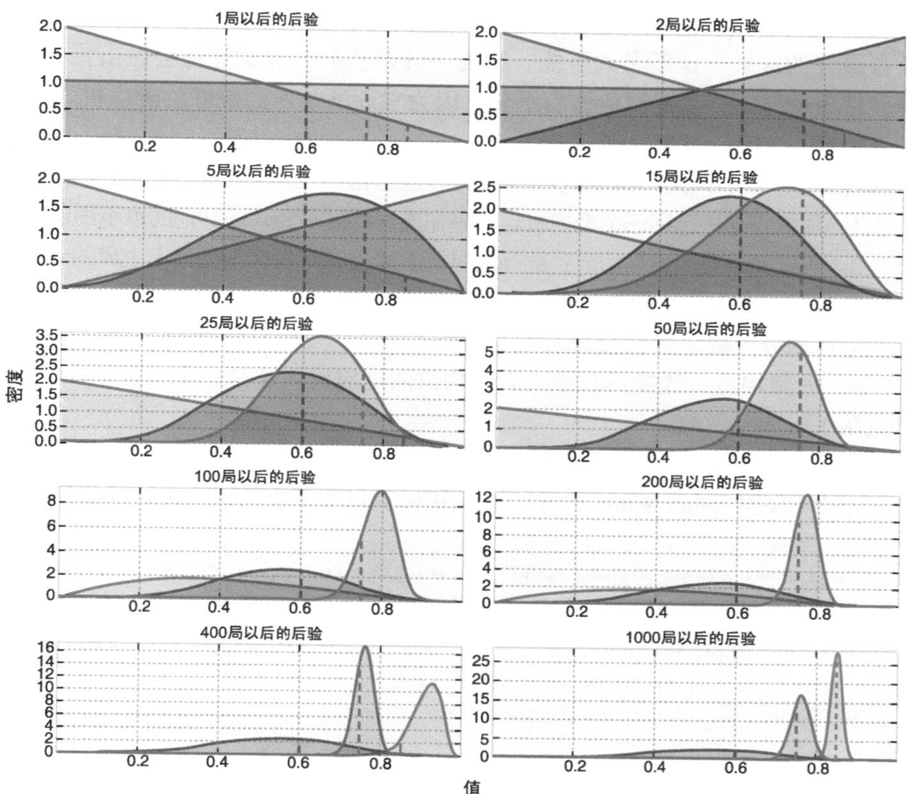

图 6.4.1 关于不同局数后的各老虎机概率的后验分布

6.4.3 好坏衡量标准

我们需要一个指标来计算我们做得如何。回想一下，绝对最好的方法是始终挑那个获胜概率最大的老虎机。记这台最好的老虎机的赢的概率为 w_{opt}。你的分数应该能够表示如果我们从一开始就选择最好的老虎机的获胜程度。这促使我们对一种策略定义一个**总遗憾**，即 T 轮最优策略（总是选择成功的概率最高的老虎机）和 T 轮另一种策略在收益上的差距，数学上定义为

$$R_T=\sum_{i=1}^{T}(w_{opt}-w_{B(i)})$$
$$=Tw^*-\sum_{i=1}^{T}w_{B(i)}$$

在此公式中，$w_{B(i)}$ 是所选老虎机在第 i 轮出奖的概率。总遗憾为 0 意味着该策略获得最好的成绩。这不是太可能，因为一开始我们的算法往往会做出错误的选择。理想情况下，总遗憾应该扁平化，因为它逐渐学习到最好的老虎机。（在数学上，意味着我们经常得到 $w_{B(i)}=w_{opt}$）。

在图 6.4.2 中，我们绘制这个模拟的总遗憾值，也包括一些其他策略的分数。

1. 随机：随机选择一个老虎机。如果你连这都做不到，那其他的也不用了解了。

2. 贝叶斯的最大置信边界：选择底层概率的95%置信区间的最大上界的老虎机。

3. 贝叶斯 -UCB 算法：选择有最大得分的老虎机，其中得分是一个动态的后验分布的分位数（参见 [2]）。

4. 后验均值：选择具有最大后验均值的老虎机。这是一个人类玩家（而不是电脑）可能会做的。

5. 最大比例：选择目前观测到的赢的比例最大的老虎机。

这些代码在 other_strats.py 中，在那里你可以非常容易地实现自己的策略。

```
figsize(12.5, 5)
from other_strats import upper_credible_choice, bayesian_bandit_choice,
       ucb_bayesmax_mean, random_choice

# define a harder problem
hidden_prob = np.array([0.15, 0.2, 0.1, 0.05])
bandits = Bandits(hidden_prob)

# define regret
def regret(probabilities, choices):
   w_opt = probabilities.max()
   return(w_opt - probabilities[choices.astype(int)]).cumsum()

# create new strategies
strategies= [upper_credible_choice,
      bayesian_bandit_choice,
      ucb_bayes,
      max_mean,
      random_choice]
```

```
algos = []
for strat in strategies:
   algos.append(GeneralBanditStrat(bandits, strat))

# train 10,000 times
for strat in algos:
   strat.sample_bandits(10000)

# test and plot
for i,strat in enumerate(algos):
   _regret = regret(hidden_prob, strat.choices)
plt.plot(_regret, label=strategies[i].__name__, lw = 3)

plt.title("Total regret of the Bayesian Bandits strategy versus random
        guessing")
plt.xlabel("Number of pulls")
plt.ylabel("Regret after $n$ pulls")
plt.legend(loc="upper left");
```

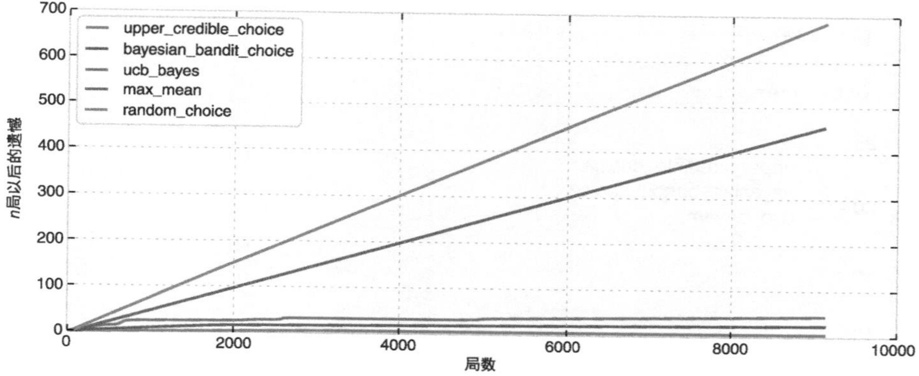

图 6.4.2 贝叶斯老虎机策略与随机猜测的总遗憾

就像我们想要的那样，贝叶斯老虎机策略和其他策略的遗憾是下降的，表示我们正在实现较优的选择。为了更科学，以消除任何可能的运气成分，我们应该看一下**总遗憾期望**，它定义为所有可能场景的总遗憾的期望值，数学上定义为

$$\bar{R_T}=E[R_T]$$

可以证明，任何次优策略的总遗憾期望都有对数形式的下界。形式为：

$$E[R_T]=\Omega(\log(T))$$

因此，任何符合对数增加遗憾的策略，都可以称之解决了多臂老虎机问题。

使用大数定律，我们可以通过进行很多次（为了公平，做 200 次）同样的实验来近似贝叶斯老虎机策略的总遗憾期望。

结果表示在图 6.4.3 中。为了对不同策略间的差异性有一个可能更好的了解，我们在对数尺度中绘制了同样的图，见图 6.4.4。

```
# This can be slow, so I recommend NOT running it.

trials = 200
expected_total_regret = np.zeros((1000, 3))

for i_strat, strat in enumerate(strategies[:-2]):
   for i in range(trials):
    general_strat = GeneralBanditStrat(bandits, strat)
    general_strat.sample_bandits(1000)
    _regret = regret(hidden_prob, general_strat.choices)
    expected_total_regret[:,i_strat] += _regret

plt.plot(expected_total_regret[:,i_strat]/trials, lw =3,
        label = strat.__name__)

plt.title("Expected total regret of different multi-armed bandit strategies")
plt.xlabel("Number of pulls")
plt.ylabel("Expected total regret \n after $n$ pulls")
plt.legend(loc="upper left");
```

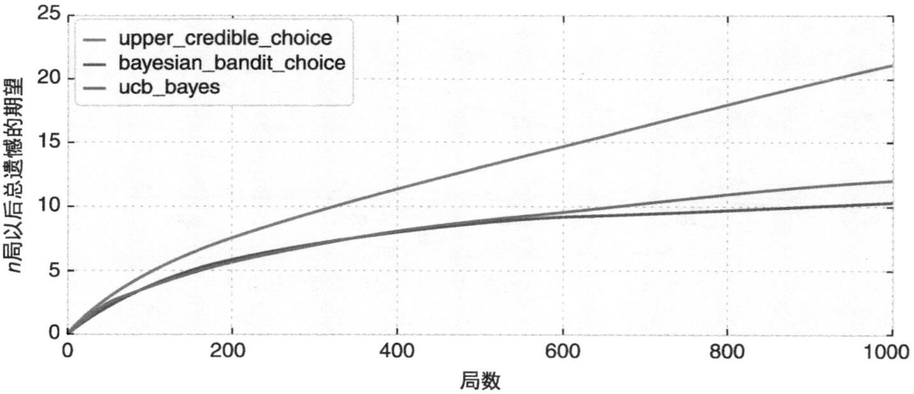

图 6.4.3 不同老虎机策略的总遗憾期望

```
plt.figure()
[pl1, pl2, pl3] = plt.plot(expected_total_regret[:, [0,1,2]], lw = 3)
plt.xscale("log")
plt.legend([pl1, pl2, pl3],
      ["Upper credible bound", "Bayesian Bandits", "UCB-Bayes"],
      loc="upper left")
```

```
plt.ylabel(r "Expected total regret \n after $\log{n}$ pulls")
plt.xlabel("Number of pulls", $n$")
plt.title("Log-scale of the expected total regret of different multi-armed
        bandit strategies");
```

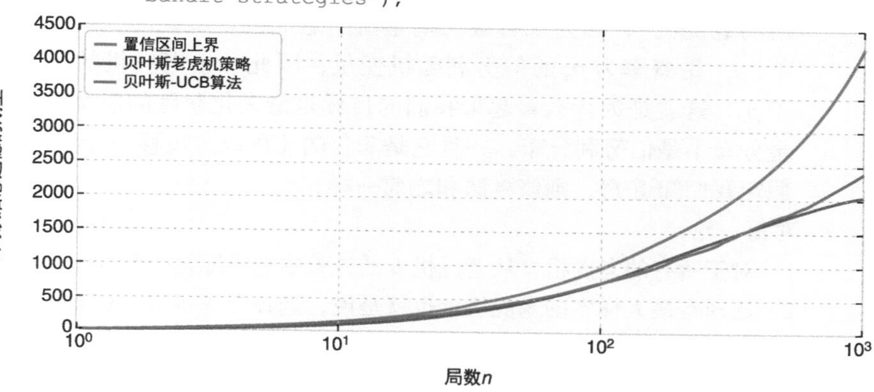

图 6.4.4 对数尺度下的不同多臂老虎机策略的总遗憾期望

6.4.4 扩展算法

因为贝叶斯老虎机的算法简单，很容易进行扩展。一些可能的方法是：

- 如果对最小概率有兴趣（例如，其中获得奖金变成坏事），只需选择 $B = \text{argmin}\ X_b$，然后继续。
- 添加学习速率：假设参数环境可能随时间改变。从技术上讲，标准的贝叶斯老虎机算法通过注意到它认为最好的策略开始越来越经常地失败而自我更新（真棒！）。我们能够通过加入一个学习速率项，促进该算法更快地更新去学习变化的环境。

```
self.wins[ choice ] = rate*self.wins[ choice ] + result
self.trials[ choice ] = rate*self.trials[ choice ] + 1
```

如果 rate<1，则该算法将更快地忘记其先前的获胜，并且会有一个走向无知的下行压力。相反，取 rate>1 意味着你的算法将以风险较高的方式行事，而且更经常地把赌注押在早期赢的老虎机上，对不断变化的环境更有韧性。

- 层次算法：我们可以在较小的老虎机算法之上再建立一个贝叶斯老虎机算法。假设我们有 N 个贝叶斯老虎机的模型，每一个都有不同的形态（例如，不同的速率参数，代表针对变化环境的不同的灵敏度）。在这些 N 个模型之上是另一个贝叶斯老虎机学习器，它将选择一个子贝叶斯老虎机。这个被选择的贝叶斯老虎机之后会做出拉动哪个机器的内部选择。父贝叶斯老虎机根据子贝叶斯老虎机是否正确来自我更新。

- 将老虎机 A 的回报 y_a 扩展到来自于一个 $f_{y_a}(y)$ 分布的随机变量，是直截了当的。更一般地，这个问题可以改述为“寻找具有奖金最大期望值的老虎机”，因为玩有最大期望值的老虎机是最优的。在上述情况下，f_{y_a} 是概率为 p_a 的伯努利随机变量，因此一个老虎机的期望值等于 p_a，这就是为什么看起来我们的目标是最大化获胜的概率。如果奖金分布不是伯努利分布，并且它是非负的（可以通过移动分布来实现，假定我们知道 f），则该算法和之前一样：

  对每一轮，

  1. 对于所有的老虎机，从老虎机 b 的先验中选择随机变量样本 X_b。
  2. 选择有最大样本的老虎机；也就是说，选择老虎机 $B = \text{argmax}\ X_b$。
  3. 观察拉动老虎机 B 的结果 $R \sim f_{y_b}$，更新您对老虎机 B 的先验。
  4. 返回到第 1 步。

  问题在 X_b 的采样中。对于 Beta 先验和伯努利观察，我们得到 Beta 后验，这很容易采样。但现在，对于任意分布 f，我们的后验是不平凡的。从这些后验分布取样是困难的。

有兴趣的话，贝叶斯算法也可以在评论系统中扩展应用。回想一下，在第 4 章中，我们开发了基于赞同票对总票数的比例的贝叶斯下界的排序算法。这种方法的问题是，它会偏向使得较旧的评论名列前茅，因为旧的评论自然有更多的选票（因此下界离真实比例更窄）。这就形成了一个正反馈循环，即较早的评论获得更多的选票，因此更经常显示，从而又获得更多的选票，依次循环。这可能导致新的、可能更好的意见跌落到底部。J. 诺伊费尔德提出了一种采用贝叶斯老虎机方案的系统，以纠正这种情况。

他的建议是把每一个评论看作为一个老虎机，让玩的局数等于投票数，并把奖励作为赞同票的数量，因此创建了一个 Beat(1+U，1+D) 的后验。当参观者访问页面时，样本是从每个老虎机 / 评论中抽取，但这些评论是根据各自的样本排序而进行排序的，而不是显示最大样本的评论。以下来自 J. 诺伊费尔德的博客：

> “得到的排序算法非常直接，每一次新的评论页面加载后，每个评论的分数从 Beta(1+U，1+D) 中采样，然后评论通过这个分数降序排名……这种随机性有一个独特的好处……即便新的评论有一定机会与 5 000+ 的评论在同一页上展示（虽然现在还未发生），在这同时，用户也不太可能被这些新的评论淹没”。

只是为了好玩，在图 6.4.5 中我们看到贝叶斯老虎机算法学会了 35 个不同的选项。

```
figsize(12.0, 8)
beta = stats.beta
hidden_prob = beta.rvs(1,13, size=35)
print hidden_prob
bandits = Bandits(hidden_prob)
bayesian_strat = BayesianStrategy(bandits)

for j,i in enumerate([100, 200, 500, 1300]):
  plt.subplot(2, 2, j+1)
  bayesian_strat.sample_bandits(i)
  plot_priors(bayesian_strat, hidden_prob, lw = 2, alpha = 0.0,
              plt_vlines=False)
  plt.xlim(0, 0.5)
```

```
[Output]:

[ 0.2411 0.0115 0.0369 0.0279 0.0834 0.0302 0.0073 0.0315 0.0646
  0.0602 0.1448 0.0393 0.0185 0.1107 0.0841 0.3154 0.0139 0.0526
  0.0274 0.0885 0.0148 0.0348 0.0258 0.0119 0.1877 0.0495 0.236
  0.0768 0.0662 0.0016 0.0675 0.027  0.015  0.0531 0.0384]
```

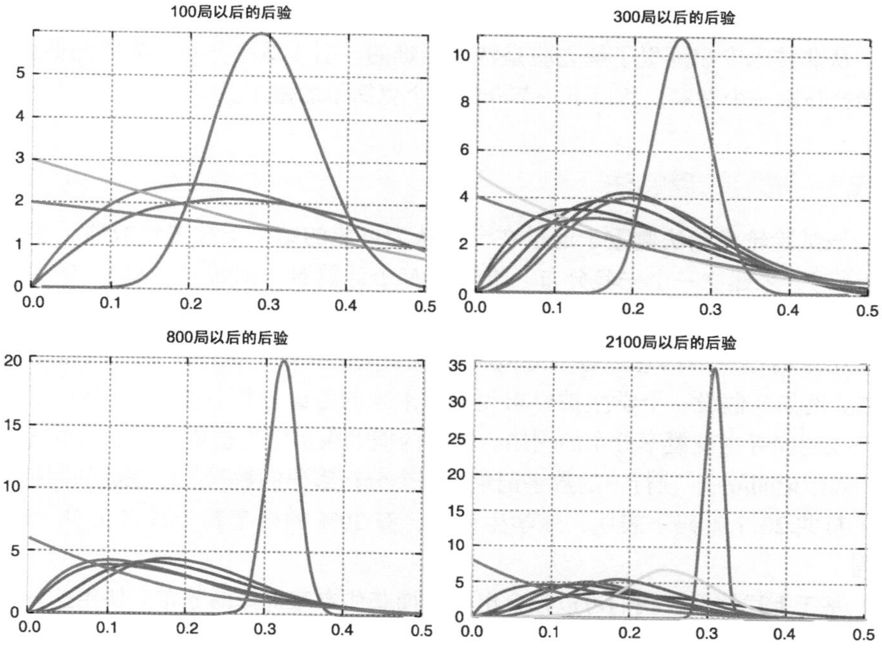

图 6.4.5 从 35 个不同老虎机中学到的贝叶斯老虎机策略的演变

6.5 从领域专家处获得先验分布

指定主观先验，是指从业者如何将问题的领域知识结合到我们的数学框架。融入领域知识可以带来许多用处。

- 有助于 MCMC 收敛。例如，如果我们知道未知参数是严格为正的，那么我们可以缩小关注空间，从而省下在负值查找的时间。
- 允许更准确的推断。通过加权靠近真值的先验，我们收窄我们的最终推论（通过使后验的参数未知范围更窄）。
- 更好地表达了我们的不确定性。可参看第 5 章的价格竞猜问题。

当然，贝叶斯方法从业者并不是每个领域的专家，所以我们必须寻求领域专家的帮助，来构建先验。我们一定要小心地探寻这些先验。要考虑的方面有：

- 根据经验，我会避免对非贝叶斯从业者介绍 Beta、Gamma 等等。此外，非统计学家可能会陷入为什么一个连续概率函数可以有超过 1 的值的问题。
- 人们往往忽视了罕见的长尾事件，并把太多的权重放在分布的均值附近。
- 人们几乎总是不能足够重视自己猜测的不确定性。

从非技术专家那里了解先验是特别困难的。引入概率分布、先验的概念等，可能会吓跑一个专家，所以下一节介绍一个更简单的做法。

6.5.1 试验轮盘赌法

该试验轮盘赌法侧重于通过在专家认为可能的结果上放置计数器（想想赌场筹码），来建立一个先验分布。给专家 N 个计数器（例如 $N = 20$），然后要专家将它们放置在预先印制的网格上，分箱代表区间。每列代表他们对得到相应分箱结果的概率的信念。每个筹码将表示如果落在那个区间，则结果概率增加 0.05。例如，假设一个学生被要求预测在未来的考试分数。图 6.5.1 显示了一个已完成的探寻主观概率分布的网格。网格的横轴表示学生被要求考虑的可能的分箱（或标记间隔）。顶行中的数字记录了每个分箱筹码的数量。已完成的网格（使用了总共 20 个筹码）表明，该学生认为，有 30% 的概率其分数将在 50 和 59.9 之间。

基于上述情况，我们可以拟合出一个捕获住专家选择的分布。使用这种方法有几个原因。

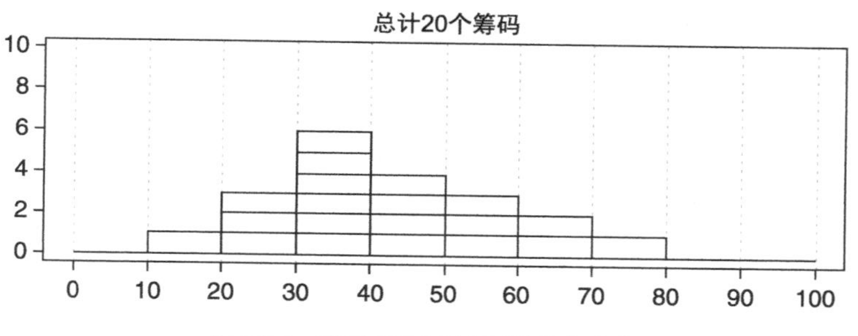

图 6.5.1 引出专家先验的试验轮盘赌法

- 主观先验概率分布形状的许多问题都可以找到答案，而无需向专家提出一长串问题。统计学家可以简单地读出任意给定点之下或两点之间的密度。
- 在创建先验分布的过程中，专家如果对分布结果不满意，他或她可以移动最初放置的筹码。因此，专家会对最终提交的结果有把握。
- 该方法强制要求专家提供的一组概率的一致性。如果所有筹码都被用尽，则概率之和必须为 1。
- 图形方法似乎提供了更精确的结果，尤其是对于只具备一般程度的统计知识的参与者。

6.5.2 实例：股票收益

股票经纪人们注意了：你们都做错了。当选择哪些股票来交易时，分析师往往会看股票的**日回报率**。如果 S_t 是第 t 天的股票价格，则第 t 天的日回报率是：

$$r_t = \frac{S_t - S_{t-1}}{S_{t-1}}$$

股票的**日回报率期望**，记为 $\mu = E(r_t)$。显然，日回报率期望高的股票是我们想要的。不幸的是，股票的收益充满了噪声，导致很难估计这个参数。此外，该参数可能随时间而改变（想想 AAPL 即苹果公司股票的涨跌），因此使用较长期的历史数据集是不明智的。

往常，回报期望通过使用样本平均值估计。这是一个馊主意。如所提到的，一个小的数据集的样本均值很有可能是非常错误的（见第 4 章的细节）。因此，贝叶斯推断用在这里非常合适，因为我们能够看到可能的值同时又保留不确定性。

对于本练习，我们将检视 AAPL、GOOG(Google)、TSLA(Tesla Motors) 和 AMZN(Amazon.com，Inc.) 的日回报率。这些股票的日回报率如图 6.5.3 和 6.5.4

所示。在研究数据之前，假设我们询问我们的股票基金经理（金融方面的专家，但是参见 [9]）：“你觉得每个公司的股票回报状况怎么样？”我们的股票经纪人，不需要知道正态分布、先验或方差，而直接使用上一节中介绍的试验轮盘赌法创建四个分布。假设它们看起来足够像正态分布，所以我们也用正态分布拟合。图 6.5.2 显示了从股票经纪人那里得到的先验分布。

```
figsize(11.0, 5)
colors = ["#348ABD", "#A60628", "#7A68A6", "#467821"]

normal = stats.norm
x = np.linspace(-0.15, 0.15, 100)

expert_prior_params = {"AAPL":(0.05, 0.03),
        "GOOG":(-0.03, 0.04),
        "TSLA": (-0.02, 0.01),
        "AMZN": (0.03, 0.02),
        }
for i, (name, params) in enumerate(expert_prior_params.iteritems()):
  plt.subplot(2,2,i)
  y = normal.pdf( x, params[0], scale=params[1] )
  plt.fill_between(x, 0, y, color=colors[i], linewidth=2,
        edgecolor=colors[i], alpha=0.6)
  plt.title(name + " prior")
  plt.vlines(0, 0, y.max(), "k","--", linewidth=0.5)
  plt.xlim(-0.15, 0.15)
plt.tight_layout()
```

请注意，这些都是主观先验：专家对这些公司股票回报的个人意见以分布来表达。这不是随便想出来的，他们在引入专业的知识。

为了更好地给这些回报建模，我们应该研究回报的协方差矩阵。例如，投资两只高度相关的个股可能是不明智的，因为他们很可能会一起暴跌（这就是基金经理建议多元化策略的一个原因）。对此我们将使用在第 6.3.2 节介绍过的威沙特分布。

```
import pymc as pm

n_observations = 100 # We will truncate the most recent 100 days.

prior_mu = np.array([x[0] for x in expert_prior_params.values()])
prior_std = np.array([x[1] for x in expert_prior_params.values()])

inv_cov_matrix = pm.Wishart("inv_cov_matrix", n_observations, np.diag
             (prior_std**2))
mu = pm.Normal("returns", prior_mu, 1, size=4)
```

接下来，我们从中拉取这些股票的历史数据。

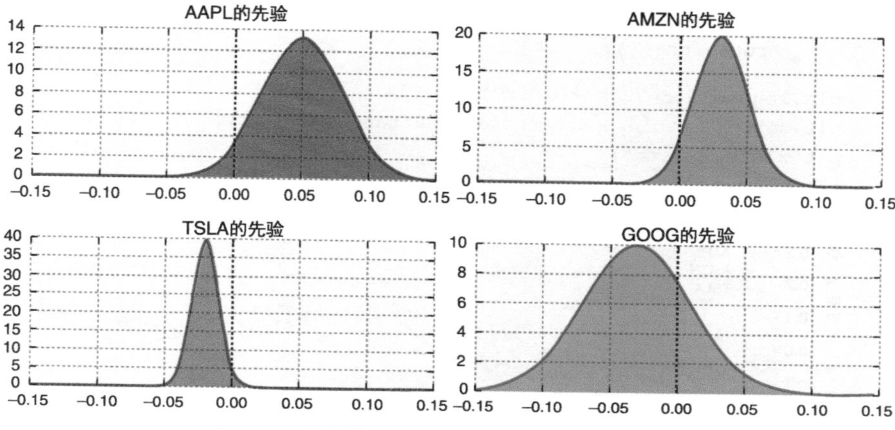

图 6.5.2 不同的公开交易股票回报的先验分布

```
import datetime
import ystockquote as ysq

stocks = ["AAPL", "GOOG", "TSLA", "AMZN"]

enddate = datetime.datetime.now().strftime("%Y-%m-%d") # today's date
startdate = "2012-09-01"

stock_closes = {}
stock_returns = {}
CLOSE = 6

for stock in stocks:
    x = np.array(ysq.get_historical_prices(stock, startdate, enddate))
    stock_closes[stock] = x[1:,CLOSE].astype(float)

# create returns

for stock in stocks:
    _previous_day = np.roll(stock_closes[stock], -1)
    stock_returns[stock] = ((stock_closes[stock] - _previous_day)/
                          _previous_day)[:n_observations]

dates = map(lambda x: datetime.datetime.strptime(x, "%Y-%m-%d"),
       x[1:n_observations+1,0])

figsize(12.5, 4)

for _stock, _returns in stock_returns.iteritems():
    p = plt.plot((1+_returns)[::-1].cumprod()-1, '-o', label="%s"%_stock,
            markersize=4, markeredgecolor="none" )
plt.xticks( np.arange(100)[::-8],
```

```
        map(lambda x: datetime.datetime.strftime(x, "%Y-%m-%d"), dates[::8]),
        rotation=60);

plt.legend(loc="upper left")
plt.title("Return space representation of the price of the stocks")
plt.xlabel("Date")
plt.ylabel("Return of $1 on first date, x 100%");
```

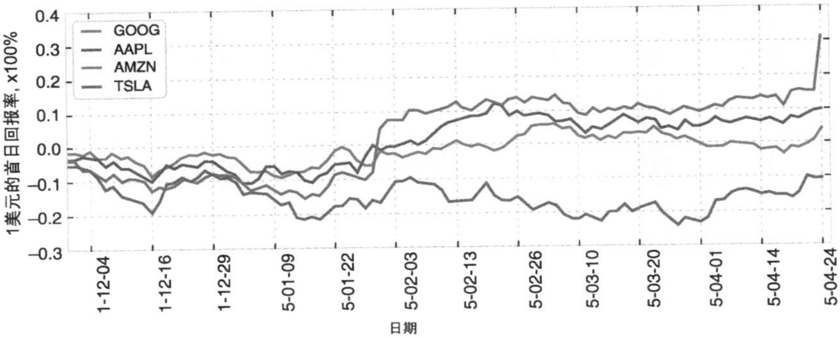

图 6.5.3 股票价格的回报空间表示

```
figsize(11.0, 5)
returns = np.zeros((n_observations,4))

for i, (_stock,_returns) in enumerate(stock_returns.iteritems()):
    returns[:,i] = _returns
    plt.subplot(2,2,i)
    plt.hist( _returns, bins=20,
              normed=True, histtype="stepfilled",
              color=colors[i], alpha=0.7)
    plt.title(_stock + " returns")
    plt.xlim(-0.15, 0.15)
    plt.xlabel('Value')
    plt.ylabel('Density')

plt.tight_layout()
plt.suptitle("Histogram of daily returns of stocks", size=14);
```

接下来，我们就计算后验分布的平均收益和后验协方差矩阵。所得后验分布见图 6.5.5。

```
obs = pm.MvNormal("observed returns", mu, inv_cov_matrix, observed=True,
        value=returns)

model = pm.Model([obs, mu, inv_cov_matrix])
mcmc = pm.MCMC()

mcmc.sample(150000, 100000, 3)
```

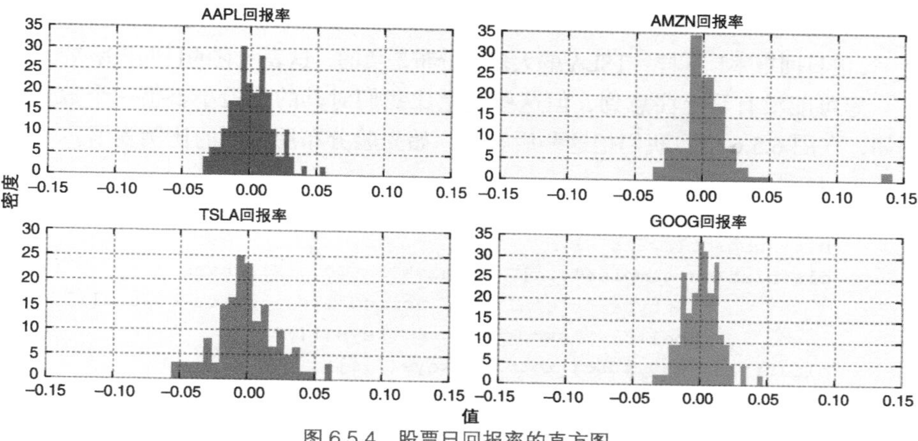

图 6.5.4 股票日回报率的直方图

```
[Output]:

[****************100%******************] 150000 of 150000 complete
```

```
figsize(12.5,4)

# examine the mean return first
mu_samples = mcmc.trace("returns")[:]

for i in range(4):
   plt.hist(mu_samples[:,i], alpha = 0.8 - 0.05*i, bins=30,
            histtype="stepfilled", normed=True,
            label="%s"%stock_returns.keys()[i])

plt.vlines(mu_samples.mean(axis=0), 0, 500, linestyle="--", linewidth=.5)

plt.title("Posterior distribution of $\mu$, daily stock returns")
plt.xlabel('Value')
plt.ylabel('Density')
plt.legend();
```

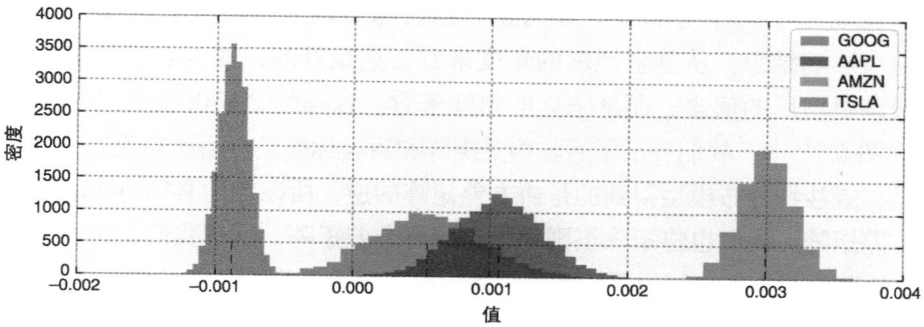

图 6.5.5 股票日回报率的后验分布

以上结果说明了什么？显然，APPL 一直表现强劲，我们的分析表明，它有一个近 1% 的日回报率！同样，TSLA 的大多数分布是负的，这表明它的日回报率是负的。

您可能没有马上注意到，但这些变量比我们对其的先验小整整一个数量级。例如，在图 6.5.6 中，我们把这些后验与原始先验分布用相同的比例表示。

```
figsize(11.0,3)
for i in range(4):
    plt.subplot(2,2,i+1)
    plt.hist(mu_samples[:,i], alpha=0.8 - 0.05*i, bins=30,
             histtype="stepfilled", normed=True, color=colors[i],
             label="%s"%stock_returns.keys()[i])
    plt.title("%s"%stock_returns.keys()[i])
    plt.xlim(-0.15, 0.15)

plt.suptitle("Posterior distribution of daily stock returns")
plt.xlabel('Value')
plt.ylabel('Density')
plt.tight_layout()
```

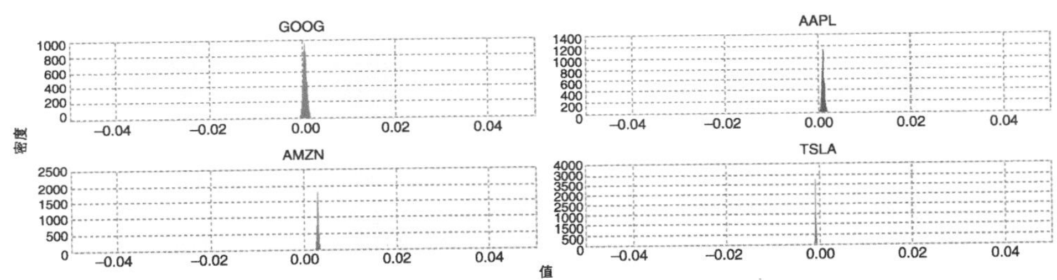

图 6.5.6　股票日回报率的后验分布

为什么出现这种情况？回想一下，我提到过，金融有一个非常非常低的信噪比。这意味着更为困难的推断环境。每个人都应该小心避免过度解释这些结果。注意（图 6.5.5）每个分布在 0 处为正，这意味着该股可能没有回报。此外，主观先验会影响结果。从基金经理的角度来看，这是好的，因为它反映了他或她的关于股票更新后的信念，而从中立的角度来看，这样的结果可能是太主观的。

在图 6.5.7 中，我们展示了后验相关矩阵和后验标准差。需要知道的一个重要的警示是，威沙特分布模型得到的是协方差矩阵的逆，所以我们必须再次求逆，以获得协方差矩阵。我们也将矩阵正则化以获取协方差矩阵。既然我们无法有效地绘制数百个矩阵，我们通过展示**平均后验相关矩阵**或矩阵的后验分布的按各元素的期望，来归纳相关矩阵的后验分布。按经验来说，这可由求后验样本的平均值得到。

```
inv_cov_samples = mcmc.trace("inv_cov_matrix")[:]
mean_covariance_matrix = np.linalg.inv(inv_cov_samples.mean(axis=0))


def cov2corr(A):
  """
  covariance matrix to correlation matrix
  """
  d = np.sqrt(A.diagonal())
  A = ((A.T/d).T)/d
  return A


plt.subplot(1,2,1)
plt.imshow(cov2corr(mean_covariance_matrix), interpolation="none",
        cmap = plt.cm.hot)
plt.xticks(np.arange(4), stock_returns.keys())
plt.yticks(np.arange(4), stock_returns.keys())
plt.colorbar(orientation="vertical")
plt.title("(Mean posterior) correlation matrix")

plt.subplot(1,2,2)
plt.bar(np.arange(4), np.sqrt(np.diag(mean_covariance_matrix)),
    color="#348ABD", alpha=0.7)
plt.xticks(np.arange(4) + 0.5, stock_returns.keys());
plt.title("(Mean posterior) variances of daily stock returns")
plt.xlabel('Value')
plt.ylabel('Density')

plt.tight_layout();
```

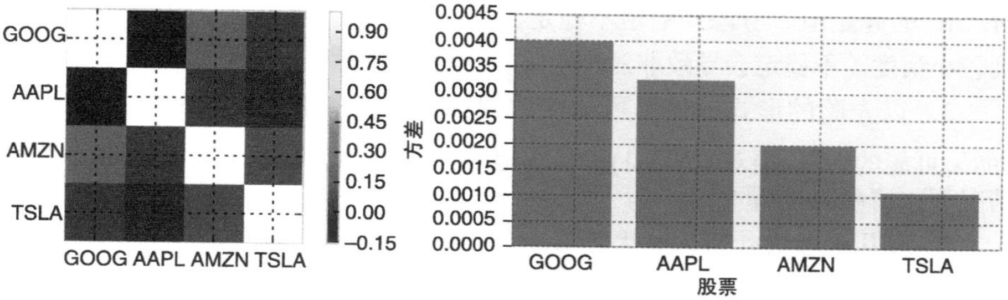

图 6.5.7 左图：协方差矩阵（后验均值）。右图：股票日回报率方差（后验均值）

请看图 6.5.7，我们可以说，很可能 TSLA 有高于平均水平的波动性（在回报图上，这是很清楚的）。相关矩阵表示不存在很强的相关性，但也许 GOOG 和 AMZN 有着较高的相关性（约 0.30）。

在股市应用贝叶斯分析，我们可以把它变成一个均值 - 方差优化器（需要反复强调：不要在频率派的点估计中使用均值 - 方差优化器！）并找到最小值。这种优化器在高回报和高方差之间做出平衡取舍。设最优权重为 w_{opt}，我们的最大化函数为

$$w_{opt}=\max_{w}\frac{1}{N}\left(\sum_{i=0}^{N}\mu_i^T w-\frac{\lambda}{2}w^T\Sigma_i w\right)$$

其中 μ_i 和 Σ_i 分别是均值回报和协方差矩阵的第 i 个后验估计。这是损失函数优化的另外一个例子。

6.5.3　对于威沙特分布的专业提示

在前面的例子中，威沙特分布表现得相当好。不幸的是，这种情况很少见。问题在于，$N\times N$ 的协方差矩阵的估计里涉及到估计 $\frac{1}{2}N(N-1)$ 个未知数。对于中等大小的 N，这也是一个很大的数。个人而言，我试过类似之前 $N=23$ 只股票那样进行模拟，但考虑到我是请求 MCMC 至少估算 23 × 11=253 附加的未知数（加上该问题的其他有趣的未知数），最后以放弃告终。这对于 MCMC 来说是不容易的。从本质上讲，你要求 MCMC 遍历一个 250 多维的空间。而问题起初看起来似乎很无害的！以下是一些技巧。

1. 如果适用，使用共轭性（参见 6.6 节）。

2. 采用一个很好的初始值。什么可能是一个很好的初始值？数据的样本协方差矩阵！请注意，这不是经验贝叶斯，我们不会触碰先前的参数，而是修改 MCMC 的起始值。考虑到数值不稳定，最好是将样本协方差矩阵的浮点数截断到较小精度（不稳定会导致非对称矩阵，这可导致 PyMC 崩溃）。

3. 以先验的形式提供尽可能多的领域知识，如果可能的话。我强调只是“如果可能的话”。要对 $\frac{1}{2}N(N\text{-}1)$ 个未知参数进行估计，这是不太可能的，在这种情况下，请参阅技巧 4。

4. 使用经验贝叶斯。也就是说，使用样本协方差矩阵作为先验的参数。

5. 对于 N 非常大的问题，没有什么好办法。相反，可以问问自己，我是否真的在乎每一个相关性？可能不是。还可问问自己，我是否真的真的在意相关性？也许不是。在金融领域，我们可以设置一个我们最可能的兴趣的非正式的层

次：第一，对 μ 的良好的估计；第二，沿对角线协方差矩阵的方差；第三，最不重要的相关性。因此，忽略 $\frac{1}{2}(N-1)(N-2)$ 个相关性而关注更重要的未知数可能更好。

6.6 共轭先验

回想一下，Beta 先验和二项式数据意味着 Beta 后验分布。从图形上来看：

$$\overbrace{\text{Beta}}^{\text{先验}} \cdot \overbrace{\text{二项式}}^{\text{数据}} = \overbrace{\text{Beta}}^{\text{后验}}$$

请注意这个方程的两边都有 Beta，但不能消除，因为这不是一个真正的方程，只是一个模型。这是一个非常有用的特性。它可以让我们避免使用 MCMC，因为我们已知封闭形式的后验。因此，容易推导出推理和分析。此快捷方法是贝叶斯老虎机算法的核心。幸好，我们有一大类彼此间具有类似行为的分布。

假定 X 来自于或被认为是来自于一个著名的分布，称之为 f_α，其中 α 可能是 f 的未知参数（f 可以是一个正态分布或二项分布等）。对于特定的分布 f_α，有可能存在先验分布 p_β，使得

$$\overbrace{p_\beta}^{\text{先验}} \cdot \overbrace{f_\alpha(X)}^{\text{数据}} = \overbrace{p_{\beta'}}^{\text{后验}}$$

其中 β' 是一组不同的参数，但 p 是和先验相同的分布。一个满足该关系的先验 p 称为共轭先验。正如我所说，它们在计算上非常有用，因为我们可以避免用 MCMC 做近似推断，而直接得到后验。这听起来很不错，不是吗？

不幸的是，不完全是。对于共轭先验还是有一些问题。

- 共轭先验是不客观的。因此，它只有当需要主观先验时才有用。不能保证共轭先验能够顾及从业者的主观意见。
- 对于简单的一维问题，通常存在共轭先验。对于更大的问题，涉及更复杂的结构，基本没希望找到共轭先验。对于这些更简单的模型，维基百科有一个很好的共轭先验表。

的确，共轭先验只是在数学便利上有用处：它能简单地从先验得到后验。我个人认为共轭先验只是一个漂亮的数学伎俩，很少真地提供对问题的洞察。

6.7 杰弗里斯先验

此前，我们谈到的客观先验很少真的是客观的。在某种程度上，我们所说的

是，我们想要一个不偏向后验估计的先验。扁平先验看起来是一个合理的选择，因为它对所有的参数赋予相同的概率。

但扁平先验不是变换不变的。这是什么意思？假设我们有一个来自于伯努利分布 θ 的随机变量 x。我们定义在 $p(\theta)=1$ 上的先验，如图 6.7.1 所示。

```
figsize(12.5, 5)

x = np.linspace(0.000, 1, 150)
y = np.linspace(1.0, 1.0, 150)
lines = plt.plot(x, y, color="#A60628", lw=3)
plt.fill_between(x, 0, y, alpha=0.2, color=lines[0].get_color())
plt.autoscale(tight=True)
plt.xlabel('Value')
plt.ylabel('Density')
plt.ylim(0, 2);
```

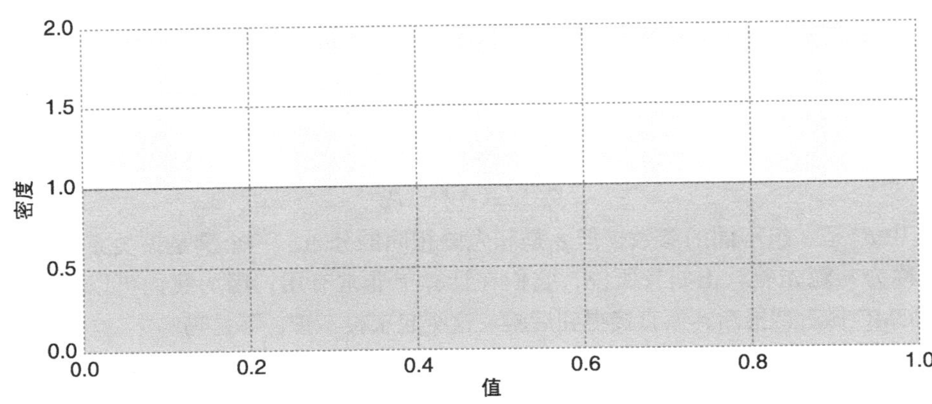

图 6.7.1 θ 的先验

现在，让我们用函数 $\psi=\log\left(\frac{\theta}{1-\theta}\right)$ 来变换 θ。这仅仅是一个在实轴上拉伸 θ 的函数。现在通过我们的变换，不同的 φ 会变得怎样呢？结果如图 6.7.2 所示。

```
figsize(12.5, 5)

psi = np.linspace(-10, 10, 150)
y = np.exp(psi) / (1 + np.exp(psi))**2
lines = plt.plot(psi, y, color="#A60628", lw = 3)
plt.fill_between(psi, 0, y, alpha = 0.2, color = lines[0].get_color())
plt.autoscale(tight=True)
plt.xlabel('Value')
```

```
plt.ylabel('Density')
plt.ylim(0, 1);
```

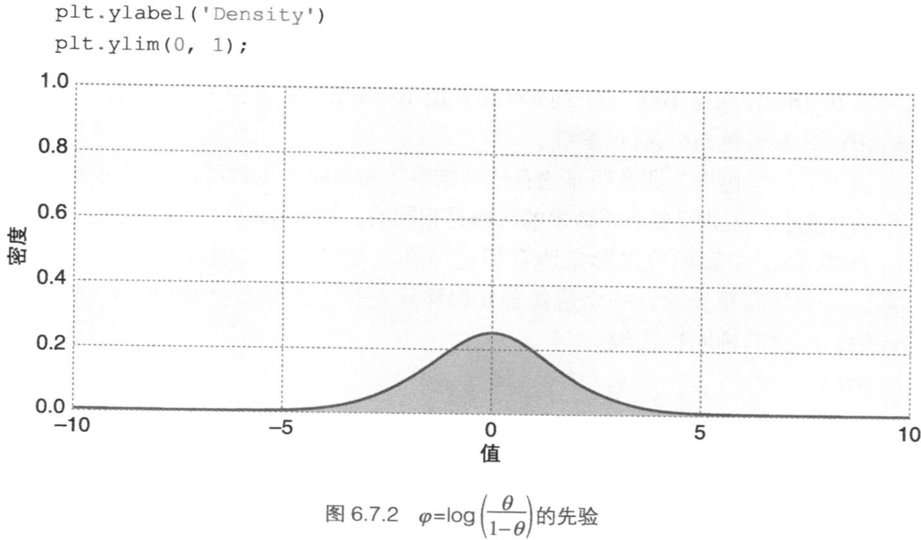

图 6.7.2 $\varphi=\log\left(\frac{\theta}{1-\theta}\right)$的先验

正如你在图 6.7.2 中看到的，我们的函数看起来不再是平的！事实证明，扁平先验也含有信息。杰弗里斯先验的意义是，建立一个不会因偶然改变变量位置而大幅变化的先验。学术上有大量关于杰弗里斯先验的文献，因超出了这本书的范围，在此不再赘述。

6.8 当 N 增加时对先验的影响

在第 1 章，我认为，我们拥有的观测值、数据量越多，先验就越不重要。这是符合直觉的。毕竟，我们的先验也是基于以前的信息，足够多的新信息完全可以替代我们以前信息的价值。因足够的数据对先验的修正也是有帮助的，如果我们的先验明显是错的，那么数据的自我修正性质将呈现给我们一个不那么错的，并最终正确的后验。

我们可以在数学上看到这一点。首先，回忆起第 1 章的有关先验、后验的贝叶斯定理。

给定数据集 $\mathbf{X}$，对参数 θ 的后验分布可以写作

$$p(\theta|\mathbf{X})\propto \underbrace{p(\mathbf{X}\,|\,\theta)}_{\text{似然}}\cdot\overbrace{p(\theta)}^{\text{先验}}$$

或者，更经常地写为对数形式

$$\log(p(\theta|\mathbf{X}))=c+L(\theta;\mathbf{X})+\log(p(\theta))$$

对数似然函数 $L(\theta;\mathbf{X})=\log(p(\mathbf{X}|\theta))$ 会随着样本量而变化，因为它是数据的一个函数，但先验的密度函数不会。因此，当样本量增加时，$L(\theta;\mathbf{X})$ 的绝对值会变大，但 $\log(p(\theta))$ 保持不变（对于固定的 θ 值）。因此，随着样本量增加，$L(\theta;\mathbf{X})+\log(p(\theta))$ 更多地受 $L(\theta;\mathbf{X})$ 的影响。

这里有一个也许不那么明显的有趣的结果。随着样本量的增加，所选择的先验的影响会变小。因此只要非零概率的区域是相同的，那么推断的收敛和先验无关。

在图 6.8.1 中我们可以形象地看到这一点。考察两个二项式参数 θ 的后验的收敛，一个是扁平先验，一个是朝着 0 偏移的先验。当样本量增加时，它们的后验收敛，因此其推断也收敛。

```
figsize(12.5, 15)


p = 0.6
beta1_params = np.array([1.,1.])
beta2_params = np.array([2,10])
beta = stats.beta

x = np.linspace(0.00, 1, 125)
data = pm.rbernoulli(p, size=500)

plt.figure()
for i,N in enumerate([0, 4, 8, 32, 64, 128, 500]):
   s = data[:N].sum()
   plt.subplot(8, 1, i+1)
   params1 = beta1_params + np.array([s, N-s])
   params2 = beta2_params + np.array([s, N-s])
   y1,y2 = beta.pdf(x, *params1), beta.pdf(x, *params2)
   plt.plot(x, y1, label="flat prior", lw =3)
   plt.plot(x, y2, label="biased prior", lw= 3)
   plt.fill_between(x, 0, y1, color="#348ABD", alpha=0.15)
   plt.fill_between(x, 0, y2, color="#A60628", alpha=0.15)
   plt.legend(title="N=%d"%N)
   plt.vlines(p, 0.0, 7.5, linestyles="--", linewidth=1)
   plt.xlabel('Value')
   plt.ylabel('Density')
   plt.title("Convergence of posterior distributions (with different priors)
            as we observe more and more information")
```

请记住，不是所有的后验都会这么快地"忘记"以前的先验。这个例子只是为了显示最终先验会被遗忘。在数据越多的情况下，先验越趋近于被遗忘，因此贝叶斯推断和频率论推断最终也收敛在一起。

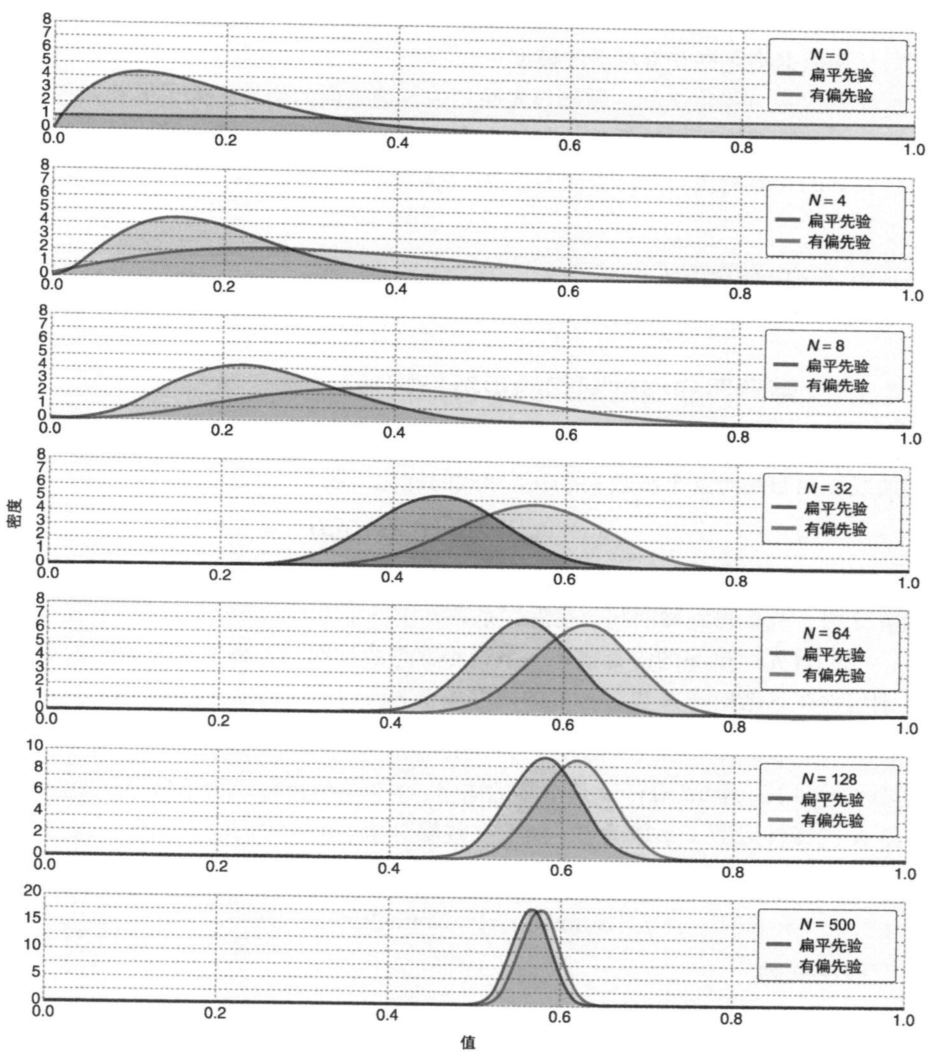

图 6.8.1 当观测到越来越多的信息时，后验（不同先验）的收敛情况

6.9 结论

本章重新评估了我们所使用的先验分布，先验成为增加到我们模型中的另

一个对象，需要非常小心地进行选择。先验经常性地被认为既是贝叶斯理论的优点，也是它的弱点，前者是因为先验可以利用主观性和意见信息，而后者是因为它对任何数据都允许非常灵活的模型。

学术界数百篇论文的主题都与先验相关，这方面的研究扩大了贝叶斯分析的广度。它的重要性不应被低估，包括在实践中。我希望这一章能够给你一些如何选择良好的先验的技巧。

6.10 补充说明

6.10.1 带惩罚的线性回归的贝叶斯视角

带惩罚的最小二乘回归和贝叶斯先验之间有一个非常有趣的关系。一个带惩罚的线性回归是对某个函数 f 的如下形式的优化问题

$$\operatorname{argmin}_{\beta}(Y-X\beta)^{T}(Y-X\beta)+f(\beta)$$

典型的 f 为模 $\|\cdot\|_p^p$。当 p=1 时，我们得到 LASSO 模型，它惩罚系数 β 中的绝对值。当 p=2 时，我们得到岭回归，它惩罚系数 β 中的平方。

我们首先用概率的语言描述一下最小方差线性回归。将响应变量记为 Y，特征则包含在数据矩阵 $\boldsymbol{X}$ 里，标准的线性模型为

$$Y=\boldsymbol{X}\beta+\epsilon$$

其中，$\epsilon\sim\text{Normal}(\boldsymbol{0},\sigma\boldsymbol{I})$，$\boldsymbol{0}$ 是全零的向量，$\boldsymbol{I}$ 是单位矩阵。简单地说，观测到的 Y 是 $\boldsymbol{X}$ 的线性函数（系数为 β）加上一些噪声项。β 是我们的未知数。我们利用正态分布的性质

$$\mu'+\text{Normal}(\mu,\sigma)\sim\text{Normal}(\mu'+\mu，\sigma)$$

重写线性模型

$$Y=\boldsymbol{X}\beta+\text{Normal}(\boldsymbol{0}+\sigma\boldsymbol{I})$$

$$Y=\text{Normal}(\boldsymbol{X}\beta，\sigma\boldsymbol{I})$$

在概率写法中，Y 的概率分布记为 $f_Y(y|\beta)$，回忆正态随机变量的密度函数（参见 [11]）：

$$f_Y(Y|\beta,\boldsymbol{X})=\text{Likelihood}(\beta|\boldsymbol{X},Y)=\frac{1}{\sqrt{2\pi\sigma}}\exp\left(\frac{1}{2\sigma^2}(Y-\boldsymbol{X}\beta)^T(Y-\boldsymbol{X}\beta)\right)$$

这就是 β 的似然函数。取对数

$$\ell(\beta)=K-c(Y-\boldsymbol{X}\beta)^T(Y-\boldsymbol{X}\beta)$$

其中 K 和 c 是正的常数。最大似然估计希望针对 β 来最大化这个公式

$$\hat{\beta}=\operatorname{argmax}_\beta-(Y-\boldsymbol{X}\beta)^T(Y-\boldsymbol{X}\beta)$$

等价地，我们可以最小化它的负值

$$\hat{\beta}=\operatorname{argmin}_\beta-(Y-\boldsymbol{X}\beta)^T(Y-\boldsymbol{X}\beta)$$

这便是熟悉的最小方差线性回归方程。因此，我们证明了线性最小方差的结果和假定噪声正态分布下的最大似然估计是一致的。接下来我们要证明，通过为 β 选择一个合适的先验，我们能够得到带惩罚项的线性回归。

在之前，当我们有了似然函数之后，我们可以加入 β 的先验分布来得到后验分布的方程

$$P(\beta|Y,\boldsymbol{X})=\text{Likelihood}(\beta|\boldsymbol{X},Y)p(\beta)$$

其中 $p(\beta)$ 是 β 的先验。哪些是有趣的先验呢？

1. 如果我们不加入显式的先验项，实际上可以理解为我们的先验是常数 1，不带来任何信息。

2. 如果我们有理由认为 β 不会太大，那么 β 可以是

$$\beta\sim\text{Normal}(\boldsymbol{0},\lambda\boldsymbol{I})$$

得到的 β 的后验密度函数则与下面式子成比例

$$\exp\left(\frac{1}{2\sigma^2}(Y-\boldsymbol{X}\beta)^T(Y-\boldsymbol{X}\beta)\right)\exp\left(\frac{1}{2\lambda^2}\beta^T\beta\right)$$

取对数，合并和重定义常数，我们得到

$$\ell(\beta)\propto K-(Y-\boldsymbol{X}\beta)^T(Y-\boldsymbol{X}\beta)-\alpha\beta^T\beta$$

我们现在得到了一个希望最大化的式子（回忆最大化后验分布是 MAP）

$$\hat{\beta}=\operatorname{argmax}_\beta-(Y-\boldsymbol{X}\beta)^T(Y-\boldsymbol{X}\beta)-\alpha\beta^T\beta$$

等价地，通过重写 $\beta^T\beta=\|\beta\|_2^2$，我们可以最小化它的负值

$$\hat{\beta}=\operatorname{argmin}_\beta-(Y-\boldsymbol{X}\beta)^T(Y-\boldsymbol{X}\beta)+\alpha\|\beta\|_2^2$$

这个公式正是岭回归。因此，我们可以看到岭回归对应于一个带正态分布误差项、β 的正态分布先验的线性模型的 MAP。

3. 同样地，如果我们假设 β 先验是 Laplace 形式，

$$f_\beta(\beta) \propto \exp(-\lambda \|\beta\|_1)$$

并且按照相同的步骤，我们得到

$$\hat{\beta} = \text{argmin}_\beta -(Y - \boldsymbol{X}\beta)^T(Y - \boldsymbol{X}\beta) + \alpha\|\beta\|_1$$

这正是 LASSO 回归。关于这里的等价性有一些重要的说明：使用 LASSO 正则项产生的稀疏性并不同于在先验中赋予 0 极高的概率，而是正相反。它是利用 $\|\cdot\|_1$ 模以及 MAP 来产生 β 的稀疏性。将先验对于系数集中在 0 附近不会产生任何贡献。

对于贝叶斯线性回归，参见第 5 章金融损失的例子。

6.10.2　选择退化的先验

只要先验在某个区域有非零的概率，后验就可以在这个区域有任何可能的概率。但当某个区域先验概率赋值为 0，而真实值又确实不属于该区域，会发生什么呢？我们将用一个小实验来说明。假设我们的数据是伯努利分布，我们希望估计 p（成功的概率）。

```
p_actual = 0.35
x = np.random.binomial(1, p_actual, size=100)
print x[:10]
```

```
[Output]:

[0 0 0 0 1 0 0 0 1 1]
```

我们将要选择一个不合适的先验。假设选择的先验是 Uniform（0.5，1)。该先验在真实值 0.35 处概率赋值为 0，让我们看看，我们的推断会发生什么，如图 6.10.1 所示。

```
import pymc as pm

p = pm.Uniform('p', 0.5, 1)
obs = pm.Bernoulli('obs', p, value=x, observed=True)

mcmc = pm.MCMC([p, obs])
mcmc.sample(10000, 2000)
```

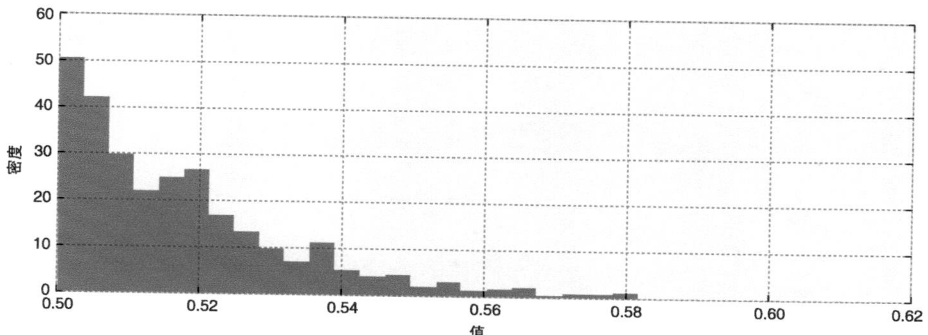

图 6.10.1 具有 Uniform（0.5，1) 先验的未知的 p 的后验分布

```
[Output]:

[------------100%--------------] 10000 of 10000 complete in 0.7 sec
```

```
p_trace = mcmc.trace('p')[:]
plt.xlabel('Value')
plt.ylabel('Density')
plt.hist(p_trace, bins=30, histtype='stepfilled', normed=True);
```

在图 6.10.1 中我们可以看到，后验分布大量堆积在先验的下界。这表示真实值可能小于 0.5。如果在后验中看到了这种情况，很有可能说明你的先验假设不太正确。

第7章 贝叶斯A/B测试

7.1 引言

统计学家或数据科学家的部分研究目标是取得实验的胜利。而数据科学家最好的研究工具之一就是分组实验。之前已经介绍过分组实验，第 2 章里面介绍了将贝叶斯分析用于网站转化率的 A/B 测试评估。本章会将这一分析扩展到新的领域。

7.2 转化率测试的简单重述

A/B 测试背后的基本思想是，假如有一个理想的平行宇宙用于对照，该宇宙的人与我们这里的人是完全一样的，那么此时如果给某一边的人以特殊待遇，那么结果所导致的变化一定会被归咎于这一特殊待遇。而在实践中，我们没法进入到平行宇宙，因此我们只能利用两组足够大量的样本来近似地创造一对平行宇宙。

让我们回忆一下第 2 章的例子：我们有 *A* 和 *B* 两种网站设计。当用户登录网站时，我们随机地将其引向其中之一，并且记录下来。当有足够多的用户访问以后，我们用得到的数据来计算一些感兴趣的指标（一般来说，对于网站我们会计算购买和注册情况）。比如，考虑下面的数字：

```
visitors_to_A = 1300
visitors_to_B = 1275

conversions_from_A = 120
conversions_from_B = 125
```

我们真正关心的是 *A* 和 *B* 的转化概率。从商业化角度考虑，我们希望转化率越高越好。因此我们的目标是找出 *A* 和 *B* 谁的转化率更高。

为此，我们需对 *A* 和 *B* 的转化概率进行建模。由于需要对概率建模，因此选择Beta分布作为先验是个好主意（为什么呢？因为转化率取值范围在0 ~ 1之间，刚好与 Beta 分布对应的值域一致)。我们的访客数量和转化数据是二项式的:对于站点 A,1 300 个访客里有 120 个成功地转化。回忆一下第 6 章提到的,Beta 先验和二项式观测值之间有一个共轭关系,这意味着你不需要进行任何的 MCMC。

如果我的先验是 Beta(α_0, β_0),并且我观测到 N 次访问里有 X 次转化,那么此时的后验是 Beta($\alpha_0 + X$, $\beta_0 + N - X$)。利用 SciPy 的内建 beta 函数,可以直接从后验进行采样。

假如我们的先验是 Beta(1, 1),回忆一下,它等价于 [0, 1] 上的均匀分布。

```
from scipy.stats import beta
alpha_prior = 1
beta_prior = 1

posterior_A = beta(alpha_prior + conversions_from_A,
                   beta_prior + visitors_to_A - conversions_from_A)

posterior_B = beta(alpha_prior + conversions_from_B,
                   beta_prior + visitors_to_B - conversions_from_B)
```

接下来我们想判断哪个组转化概率可能更高。为此,类似于 MCMC 的做法,我们对后验进行采样,并且比较,来自于 A 的后验样本的概率大于来自于 B 的后验样本的概率。我们使用 rvs 方法生成样本。

```
samples = 20000 # We want this to be large to get a better approximation.
samples_posterior_A = posterior_A.rvs(samples)
samples_posterior_B = posterior_B.rvs(samples)

print (samples_posterior_A > samples_posterior_B).mean()
```

```
[Output]:

0.31355
```

所以,可以看到,有 31% 的概率 A 比 B 的转化率高。(反过来说,有 69% 的概率 B 比 A 的转化率高。)这并不特别显著,因为如果两个页面完全相同,那么重新实验得到的概率会接近 50%。

我们也可以不通过直方图对后验进行可视化分析。这是通过 pdf 方法实现的。图 7.2.1 显示了 A 和 B 转化率的后验。

```
%matplotlib inline
from IPython.core.pylabtools import figsize
from matplotlib import pyplot as plt
figsize(12.5, 4)
plt.rcParams['savefig.dpi'] = 300
plt.rcParams['figure.dpi'] = 300
```

```
x = np.linspace(0,1, 500)
plt.plot(x, posterior_A.pdf(x), label='posterior of A')
plt.plot(x, posterior_B.pdf(x), label='posterior of B')
plt.xlabel('Value')
plt.ylabel('Density')
plt.title("Posterior distributions of the conversion
          rates of Web pages $A$ and $B$")
plt.legend();
```

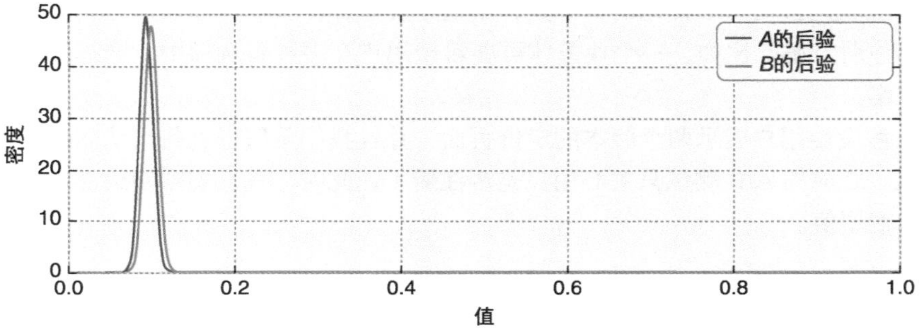

图 7.2.1 页面 *A* 和页面 *B* 的转化率的后验分布

图 7.2.2 将我们感兴趣的部分放大。

```
plt.plot(x, posterior_A.pdf(x), label='posterior of A')
plt.plot(x, posterior_B.pdf(x), label='posterior of B')
plt.xlim(0.05, 0.15)
plt.xlabel('Value')
plt.ylabel('Density')
plt.title("Zoomed-in posterior distributions of the conversion\
         rates of Web pages $A$ and $B$")
plt.legend();
```

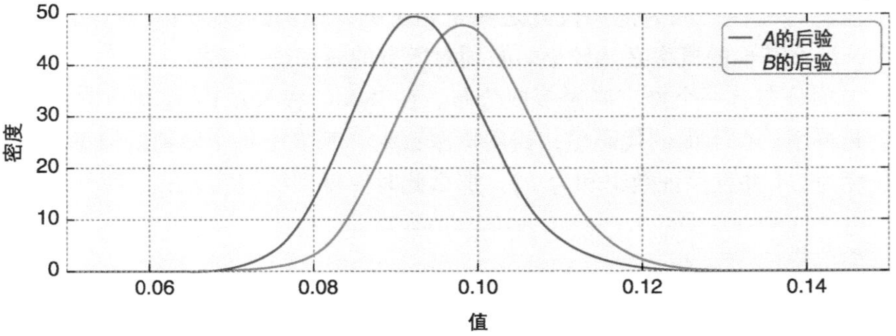

图 7.2.2 页面 *A* 和页面 *B* 的转化率的后验分布的放大

因为转化率测试非常简单——观测结果是二值的，并且分析过程很直接，所以很受欢迎。如果用户可以有多个途径进行选择，并且每种途径都有不同的商业含义呢？接下来会对此进行探索。

7.3　增加一个线性损失函数

互联网公司一个常见的目标是，不仅是要增加注册量，还要优化用户可能选择的注册方案。比如，一个业务体可能希望用户在多种备选项中，选择价格更高的方案。

假设给用户展示两个版本的定价页面，并且我们希望得到每次访问的收入期望值。之前的 A/B 测试只关心用户是否注册了；此时，我们想要知道能获得的收入的期望值。

7.3.1　收入期望的分析

暂时先不考虑 A/B 测试，而是假设要分析的是单一的网页风格。如果整个世界是透明的，一切都是已知量，那么可以通过以下公式为这一虚构的企业计算收入的期望值。

$$E[R]=79_{p_{79}}+49_{p_{49}}+25_{p_{25}}+0_{p_0}$$

这里，p_{79} 为选择 \$79 收费方案的概率，其他的类似。我特地引入了\$0 方案表示用户未选择任何收费方案。这样一来也让概率的和为 1。

$$p_{79}+p_{49}+p_{25}+p_0=1$$

下一步是对各个概率值进行估计。这里不能简单使用 Beta/ 二项分布为各个概率值进行建模，因为他们彼此之间是相关的，他们的和为 1。比如，如果 p_{79} 很大，那么其他的概率必然较小。必须对所有的概率统一建模。

二项分布有一个推广叫做多项分布。在 PyMC 和 NumPy 里都有它，不过我待会儿再用。在下面的代码里，我用概率数组 P 来表示各个取值的概率。如果 P 的长度为 2（并且保证数组和为 1），那么此时便得到我们熟悉的二项分布。

```
from numpy.random import multinomial
P = [0.5, 0.2, 0.3]
N = 1
print multinomial(N, P)
```

```
[Output]:

[1 0 0]
```

```
N = 10
print multinomial(N, P)
```

```
[Output]:

[4 3 3]
```

回到注册页面，我们的观测值服从多项分布，并且各个取值的概率都是未知的。

Beta 分布也有一个推广，叫作 Dirichlet（狄利克雷）分布。它返回一个和为 1 的正数数组。数组的长度由一个输入向量的长度决定，这一输入向量的值类似于先验的参数。

```
from numpy.random import dirichlet
sample = dirichlet([1,1]) # [1,1] is equivalent to a Beta(1,1)
# distribution.
print sample
print sample.sum()
```

```
[Output]:

[ 0.3591 0.6409]
1.0
```

```
sample = dirichlet([1,1,1,1])
print sample
print sample.sum()
```

```
[Output]:

[ 1.5935e-01 6.1971e-01 2.2033e-01 6.0750e-04]
1.0
```

幸运的是，我们有一个狄利克雷分布与多项分布的关系，类似于 Beta 分布与二项分布的关系。狄利克雷分布是多项分布的共轭先验！这意味着对于未知概率的后验，我们有明确的公式。如果先验服从于 Dirichlet(1，1，…，1)，并且我们的观测值为 N_1，N_2，…，N_m，那么后验是

$$\text{Dirichlet}(1+N_1,\ 1+N_2,\ \cdots,\ 1+N_m)$$

来自该后验的样本的和总是 1，因此可以将这些样本用于前面的期望值的公式里。让我们用一些样本数据来试试。假如有 1 000 个人浏览了页面，并且注册情况如下：

```
N = 1000
N_79 = 10
N_49 = 46
N_25 = 80
N_0 = N - (N_79 + N_49 + N_49)

observations = np.array([N_79, N_49, N_25, N_0])

prior_parameters = np.array([1,1,1,1])
posterior_samples = dirichlet(prior_parameters + observations,
                              size=10000)

print "Two random samples from the posterior:"
print posterior_samples[0]
print posterior_samples[1]
```

```
[Output]:

Two random samples from the posterior:
[ 0.0165 0.0497 0.0638 0.8701]
[ 0.0123 0.0404 0.0694 0.878 ]
```

我们也可以为这个后验绘制概率密度函数：

```
for i, label in enumerate(['p_79', 'p_49', 'p_25', 'p_0']):
   ax = plt.hist(posterior_samples[:,i], bins=50,
                 label=label, histtype='stepfilled')

plt.xlabel('Value')
plt.ylabel('Density')
plt.title("Posterior distributions of the probability of\
          selecting different prices")
plt.legend();
```

如图 7.3.1 所示，关于概率的可能取值仍然有不确定性，所以期望值的结果也是不确定的。这可以接受，因为我们得到是期望值的后验（图 7.3.2）。为此，我们将狄利克雷后验生成的样本传给 expected_revenue 函数。

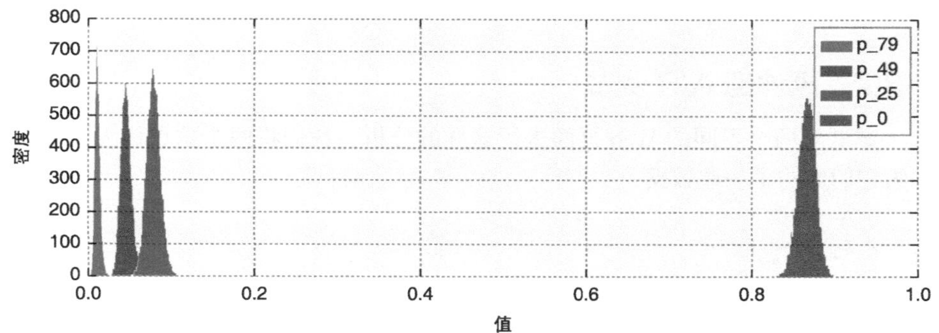

图 7.3.1 选择不同价格的概率的后验分布

这方法很像使用了一个损失函数，因为那确实就是我们在做的：我们在对参数进行估计，并把它们传给一个损失函数，来将它们与现实世界重新联系起来。

```
def expected_revenue(P):
    return 79*P[:,0] + 49*P[:,1] + 25*P[:,2] + 0*P[:,3]

posterior_expected_revenue = expected_value(posterior_samples)
plt.hist(posterior_expected_revenue, histtype='stepfilled',
         label='expected revenue', bins=50)
plt.xlabel('Value')
plt.ylabel('Density')
plt.title("Posterior distributions of the expected revenue")
plt.legend();
```

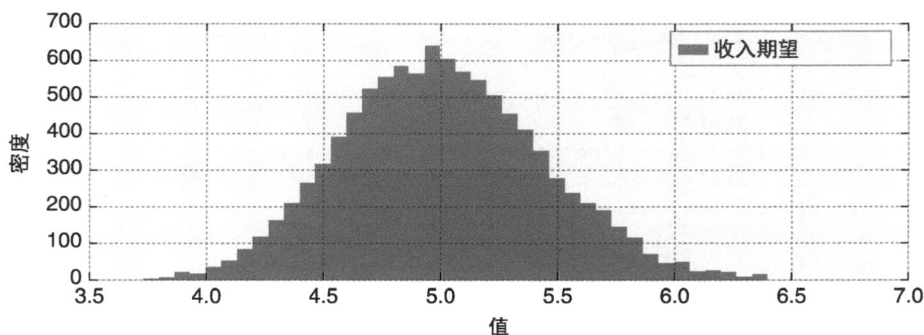

图 7.3.2 收入期望的后验分布

从图 7.3.2 中可以看出，收入的期望值有很大可能在$ 4 和$ 6 之间，不大可能在这个范围以外。

7.3.2　延伸到 A/B 测试

试试对两个不同的 Web 页面进行这样的分析，我们将两个站点称为 *A* 和 *B*，并为它们虚构了一些数据：

```
N_A = 1000
N_A_79 = 10
N_A_49 = 46
N_A_25 = 80
N_A_0 = N_A - (N_A_79 + N_A_49 + N_A_49)
observations_A = np.array([N_A_79, N_A_49, N_A_25, N_A_0])


N_B = 2000
N_B_79 = 45

N_B_49 = 84
N_B_25 = 200
N_B_0 = N_B - (N_B_79 + N_B_49 + N_B_49)
observations_B = np.array([N_B_79, N_B_49, N_B_25, N_B_0])


prior_parameters = np.array([1,1,1,1])

posterior_samples_A = dirichlet(prior_parameters + observations_A,
                                size=10000)
posterior_samples_B = dirichlet(prior_parameters + observations_B,
                                size=10000)

posterior_expected_revenue_A = expected_value(posterior_samples_A)
posterior_expected_revenue_B = expected_value(posterior_samples_B)

plt.hist(posterior_expected_revenue_A, histtype='stepfilled',
         label='expected revenue of A', bins=50)
plt.hist(posterior_expected_revenue_B, histtype='stepfilled',
         label='expected revenue of B', bins=50, alpha=0.8)
plt.xlabel('Value')
plt.ylabel('Density')
plt.title("Posterior distribution of the expected revenue\
           between pages $A$ and $B$")
plt.legend();
```

在图 7.3.3 里，注意到两个后验的距离很远，说明两种页面的表现有很大差别。页面 *A* 的平均收入期望比 *B* 要少$1。(看起来这并不多，但这是每次浏览都有的差距，累积起来就很可观了。)为了确认这一差距真实存在，让我们来看看页面 *B* 的收入高于 *A* 的概率，类似前面在转化率的分析里用到的手段。

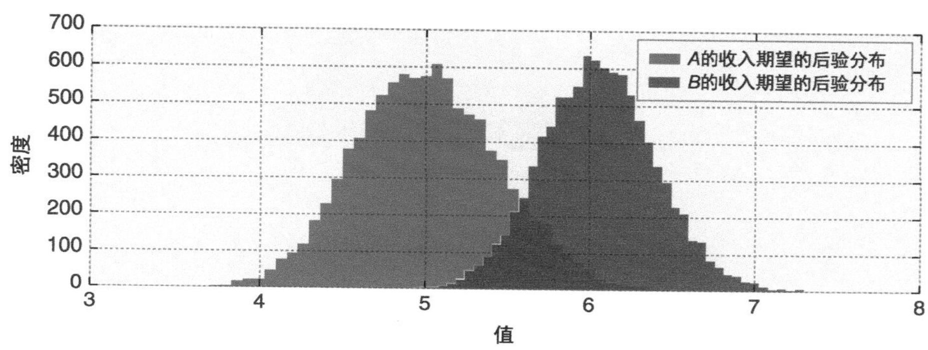

图 7.3.3 页面 *A* 和页面 *B* 的收入期望的后验分布

```
p = (posterior_expected_revenue_B > posterior_expected_revenue_A).mean()
print "Probability that page B has a higher revenue than page A: %.3f"%p
```

```
[Output]:

Probability that page B has a higher revenue than page A: 0.965
```

结果为 96%，这个值已经足够高了，所以业务方应该选择页面 *B* 的方案。

另一个有趣的图是两种页面收入的后验差距，如图 7.3.4 所示。这个结果对我们来说是现成的，因为我们用的是贝叶斯分析，我们只需要看看两种收入期望的后验在直方图里的间距即可。

```
posterior_diff = posterior_expected_revenue_B -
                 posterior_expected_revenue_A

plt.hist(posterior_diff, histtype='stepfilled', color='#7A68A6',
        label='difference in revenue between B and A', bins=50)
plt.vlines(0, 0, 700, linestyles='--')
plt.xlabel('Value')
plt.ylabel('Density')
plt.title("Posterior distribution of the delta between expected\
          revenues of pages $A$ and $B$")
plt.legend();
```

从这个后验图里可以看到，两者间距有 50% 的概率大于$1，并且有一定的可能大于$2。并且即便我们选择 *B* 是错误的（这是可能的），也不会有太大的损失：分布上几乎不会超出 −$0.5 太多。

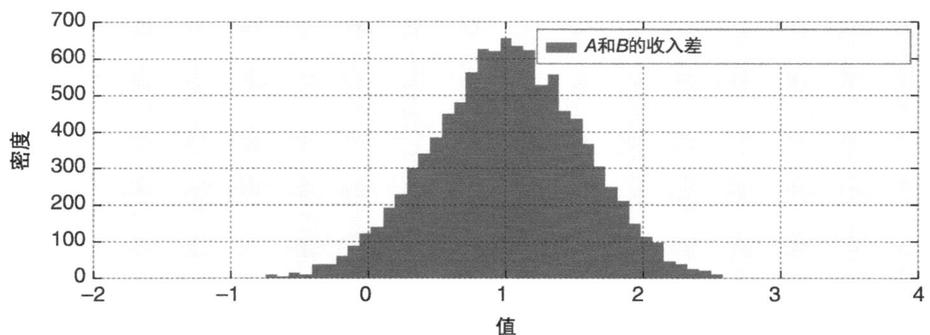

图 7.3.4　页面 A 和页面 B 的收入期望差的后验分布

7.4　超越转化率：t 检验

可能课堂上教的最多的统计检验就是 t 检验。传统的 t 检验来自频率派的实验方法，为的是判断样本的均值是否严重偏离一个预定的值。这里用的是贝叶斯派的 t 检验方法，由 John K. Kruschke 推广开来。这一模型称为 BEST，即 Bayesian Estimation Supersedes the t-test 的简称。Kruschke 最初的文章 [1] 很好获取，我非常推荐阅读它。

7.4.1　t 检验的设定

跟随我们的 A/B 测试主题，假设我们的数据是用户在页面上的停留时间。这个数据不再是二值的，而是连续的。比如，我们用以下代码来生成一些人工数据：

```
N = 250
mu_A, std_A = 30, 4
mu_B, std_B = 26, 7

# create durations (seconds) users are on the pages for
durations_A = np.random.normal(mu_A, std_A, size=N)
durations_B = np.random.normal(mu_B, std_B, size=N)
```

记住，在真实世界中，我们看不到前面代码片段里的参数，我们只会看到输出：

```
print durations_A[:8]
print durations_B[:8]
```

```
[Output]:

[34.2695 28.4035 22.5516 34.1591 31.1951 27.9881 30.0798 30.6869]
[36.1196 19.1633 32.6542 19.7711 27.5813 34.4942 34.1319 25.6773]
```

我们的任务是要判断用户在 A 还是 B 页面上会停留更长的时间。模型里面有五个未知量：两个均值参数（用 μ 表示），两个标准差参数（用 σ 表示），以及一个 t 检验用的特殊参数 ν（念“nu”）。ν 参数指定数据中存在大量离群点的可能性。根据 BEST 模型，我们关于未知量的先验如下。

1. μ_A 和 μ_B 参数来自于正态分布，其先验的均值等于 A、B 数据的池化均值，其先验的标准差等于池化的标准差的 1 000 倍。（这是一个宽泛的、没有多少信息量的先验。）

```
import pymc as pm

pooled_mean = np.r_[durations_A, durations_B].mean()
pooled_std = np.r_[durations_A, durations_B].std()
tau = 1./np.sqrt(1000.*pooled_std) # PyMC uses a precision
                                    # parameter, 1/sigma**2

mu_A = pm.Normal("mu_A", pooled_mean, tau)
mu_B = pm.Normal("mu_B", pooled_mean, tau)
```

2. σ_A 和 σ_B 来自均匀分布，其范围在池化标准差的千分之一到标准差的一千倍之间。（同样，这也是宽泛的、没有信息量的先验）。

```
std_A = pm.Uniform("std_A", pooled_std/1000., 1000.*pooled_std)
std_B = pm.Uniform("std_B", pooled_std/1000., 1000.*pooled_std)
```

3. 最后，参数 ν 是根据参数为 29 的指数分布的平移后进行估计的。为何如此选择的细节在文献“Bayesian Estimation Supersedes the t test”的附录 A 里介绍。BEST 一个有趣的细节是参数 ν 在两组之间是共享的。这在下表里可以看得更清楚。

```
nu_minus_1 = pm.Exponential("nu-1", 1./29)
```

统一起来，我们的模型看起来如图 7.4.1 所示。

让我们将各个部分合在一起得到完整的模型，如图 7.4.2 所示。

```
obs_A = pm.NoncentralT("obs_A", mu_A, 1.0/std_A**2, nu_minus_1 + 1,
                        observed=True, value=durations_A)
obs_B = pm.NoncentralT("obs_B", mu_B, 1.0/std_B**2, nu_minus_1 + 1,
                        observed=True, value=durations_B)

mcmc = pm.MCMC([obs_A, obs_B, mu_A, mu_B, std_A, std_B, nu_minus_1])
mcmc.sample(25000,10000)
```

```
[Output]:

[-----------------100%-----------------] 25000 of 25000 complete
in 16.6 sec
```

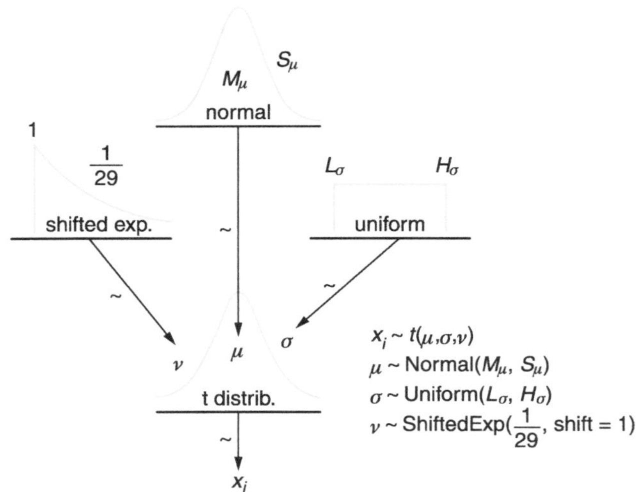

图 7.4.1　BEST 模型的图形化表示

```
mu_A_trace, mu_B_trace = mcmc.trace('mu_A')[:], mcmc.trace('mu_B')[:]
std_A_trace, std_B_trace = mcmc.trace('std_A')[:], mcmc.trace('std_B')[:]
nu_trace = mcmc.trace("nu-1")[:] + 1

figsize(12,8)
def _hist(data, label, **kwargs):
    return plt.hist(data, bins=40, histtype='stepfilled',
                    alpha=.95, label=label, **kwargs)

ax = plt.subplot(3,1,1)
_hist(mu_A_trace,'A')
_hist(mu_B_trace,'B')
plt.legend()
plt.title('Posterior distributions of $\mu$')

ax = plt.subplot(3,1,2)
_hist(std_A_trace, 'A')
_hist(std_B_trace, 'B')
plt.legend()
plt.title('Posterior distributions of $\sigma$')

ax = plt.subplot(3,1,3)
_hist(nu_trace,'', color='#7A68A6')
```

```
plt.title(r'Posterior distribution of $\nu$')
plt.xlabel('Value')
plt.ylabel('Density')
plt.tight_layout();
```

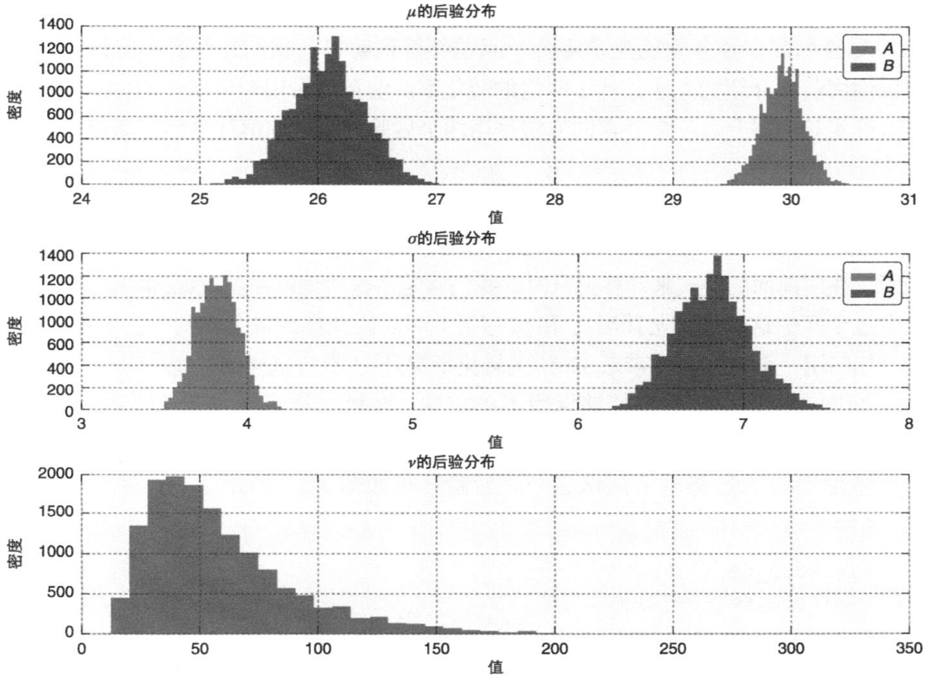

图 7.4.2 BEST 模型未知参数的后验分布

从图 7.4.2 里，可以看到两组之间有明显的不同（当然，是结构上的不同）。在图 7.4.2 的第一张图中画出了未知量 μ_1 和 μ_2 的后验。第二张图画的是 σ_1 和 σ_2。可以看到，*A* 页面不仅具有较高的平均用户停留时长，其时长的波动也较小（因为 *A* 的标准差较低）。进一步地，根据这些后验分布，可以计算出各组之间的差距、效果差异等。

BEST 模型的一个良好的特性在于，大家充分认识到它能够整理成一个很好的函数，以后基本上不需要改动。

7.5 增幅的估计

在进行了 A/B 测试以后，决策者通常会对增幅很感兴趣。这是不对的，我将这类错误归为混淆了**连续值问题**和**二值问题**。连续值问题是要衡量结果到底好多少（这是一定范围内的连续值），而二值问题是要判断谁更好（只有两种可能值）。问题在于，解决连续值问题需要的数据量的数量级远大于二值问题，但是业务方却想要用二值问题的解决来回答连续值问题。实际上，大多数常见的统计检验方法都是在尝试回答二值问题，正如我们在前面小节里做的。

尽管如此，业务方还是希望两个问题都得到解答。我们先看看不应该做什么。假设你用前面介绍的方法估计了两组的转化率。业务方希望知道增长的相对变化值，有时称实验的提升。一个朴素的方法是用两个后验分布的均值计算相对增幅：

$$\frac{\hat{p}_A - \hat{p}_B}{\hat{p}_B}$$

这会带来一些严重的错误。首先，这把对 p_A 和 p_B 的真实值的不确定性都掩盖起来了。在用前面的公式来计算提升时，我们假定了这些值都是精确已知的。这几乎总是会过于高估这些值，尤其当 p_A 和 p_B 接近 0 时。因此你经常会看到一些愚蠢的标题如“如何用一个 A/B 测试带来 336% 的转化率提升”（真有这样的标题！）

问题在于，我们希望能够保留不确定性，统计学毕竟就是关于不确定性的理论啊！为此，我们只需将后验传给一个函数，然后得出一个新的后验。让我们在一个结论性的 A/B 测试上试试这个。后验分布如图 7.5.1 所示。

```
figsize(12,4)

visitors_to_A = 1275
visitors_to_B = 1300

conversions_from_A = 22
conversions_from_B = 12

alpha_prior = 1
beta_prior = 1

posterior_A = beta(alpha_prior + conversions_from_A,
                   beta_prior + visitors_to_A - conversions_from_A)

posterior_B = beta(alpha_prior + conversions_from_B,
                   beta_prior + visitors_to_B - conversions_from_B)


samples = 20000
samples_posterior_A = posterior_A.rvs(samples)
samples_posterior_B = posterior_B.rvs(samples)

_hist(samples_posterior_A, 'A')
_hist(samples_posterior_B, 'B')
plt.xlabel('Value')
plt.ylabel('Density')
```

```
plt.title("Posterior distributions of the conversion\
          rates of Web pages $A$ and $B$")
plt.legend();
```

图 7.5.1 页面 *A* 和页面 *B* 的转化率的后验分布

我们会将后验分布传入给一个计算成对增幅的函数。得到的后验结果如图 7.5.2 所示。

```
def relative_increase(a,b):
    return (a-b)/b

posterior_rel_increase = relative_increase(samples_posterior_A,
     samples_posterior_B)
plt.xlabel('Value')
plt.ylabel('Density')
plt.title("Posterior distribution of the relative lift of Web page\
        $A$'s conversion rate over Web page $B$'s conversion rate")

_hist(posterior_rel_increase, 'relative increase', color='#7A68A6');
```

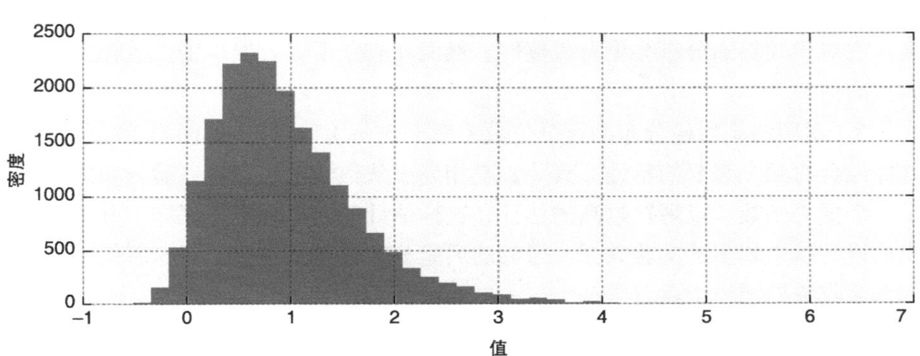

图 7.5.2 页面 *A* 相对页面 *B* 的转化率的相对提升的后验分布

从图 7.5.2 和下面的计算里，可以看到，有 89% 的可能性，相对增幅会达到 20% 或更多。进一步地，有 72% 的可能性，增幅能达到 50%。

```
print (posterior_rel_increase > 0.2).mean()
print (posterior_rel_increase > 0.5).mean()
```

```
[Output]:

0.89275
0.72155
```

如果我们想要简单地使用点估计，即

$$\hat{p}_A = \frac{22}{1275} = 0.017$$

$$\hat{p}_B = \frac{12}{1300} = 0.009$$

那么关于增幅的估计应该是 87%——可能这个值太高了。

7.5.1 创建点估计

正如我之前说的，直接把一个分布交给别人是很粗鲁的，尤其是给业务方，他们希望结果就是一个简单的数值。那么该怎么办呢？有三个可选的方案：

1. 返回增幅后验分布的均值。实际上我并不喜欢这个方法，原因我之后解释。从图 7.5.2 里可以看到右侧长尾的可能值。这意味着分布是**倾斜**的。对于一个倾斜的分布，类似均值这样的统计量会很受长尾数据的影响，因而结论会过分表达长尾数据以至于高估实际的相对增幅。

2. 返回增幅后验分布的中位数。根据之前的讨论，中位数应该是更合理的值。它对于倾斜的分布会更有鲁棒性。然而在实践中，我发现中位数仍然导致结果被高估。

3. 返回增幅后验分布的百分位数（低于 50%）。比如，返回第 30 百分位数。这样做会有两个想要的特性。其一，它相当于从数学上在增幅后验分布之上应用了一个损失函数，以惩罚过高的估计，这样估计的结果就更加保守。其二，随着我们得到越来越多的实验数据，增幅的后验分布会越来越窄，意味着任何百分位数都会收敛到同一个点。

在图 7.5.3 里，我把三种统计量都画了出来。

```
mean = posterior_rel_increase.mean()
median = np.percentile(posterior_rel_increase, 50)
conservative_percentile = np.percentile(posterior_rel_increase, 30)

_hist(posterior_rel_increase,'', color='#7A68A6');
plt.vlines(mean, 0, 2500, linestyles='-.', label='mean')
plt.vlines(median, 0, 2500, linestyles=':', label='median', lw=3)
plt.vlines(conservative_percentile, 0, 2500, linestyles='--',
           label='30th percentile')
plt.xlabel('Value')
plt.ylabel('Density')
plt.title("Different summary statistics of the posterior distribution
           of the relative increase")

plt.legend();
```

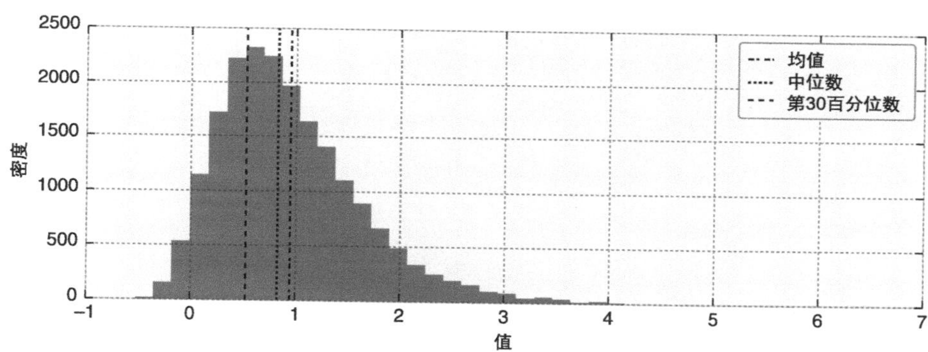

图 7.5.3 相对增幅的后验分布的不同统计量

7.6 结论

在本章里，我们讨论了如何进行 A/B 测试。相比传统实验方法，A/B 测试的最大优势在于：

1. 可解释的概率值。在贝叶斯分析里，你可以直接回答诸如“我们出错的概率是多少”之类的问题，而这用频率派的方法通常难以回答。

2. 损失函数的轻松应用。在第 5 章我们看到了损失函数是如何在抽象的概率分布模型和真实世界问题之间建立连接的。本章中，我们使用了一个线性损失函数来判断单次浏览的收入预期，并用另一个损失函数来对合理的点估计进行确定。

在其他应用中也是一样，贝叶斯分析比其他方法更加灵活与可解释，并且代价只是对更复杂模型增加中等的计算开销。我预测贝叶斯 A/B 测试很快会比传统方法更常用。

术语表

95% credible interval	95% 置信区间
95% least plausible value	95% 最小可信值
absolute-loss function	绝对损失函数
autocorrelation	自相关
Bayesian point estimate	贝叶斯点估计
Bayesian p-values	贝叶斯 p 值
Bayesianism	贝叶斯主义
Bernoulli distribution	伯努利分布
Beta distribution	Beta 分布
binary problem	二值问题
child variable	子变量
continuous problem	连续值问题
continuous random variable	连续型随机变量
daily return	日回报率
deterministic variable	确定型变量
discrete random variable	离散型随机变量
Empirical Bayes	经验贝叶斯
expected daily return	日回报率期望
expected total regret	总遗憾期望
flat prior	扁平先验
frequentism	频率主义
goodness of fit	拟合优度

loss function	损失函数
mean posterior correlation matrix	平均后验相关矩阵
mixed random variable	混合型随机变量
objective prior	客观先验
parent variable	父变量
posterior probability	后验概率
Principle of Indifference	无差别原理
prior probability	先验概率
separation plot	分离图
sparse prediction	稀疏预测
squared-error loss function	平方误差损失函数
stochastic variable	随机变量
subjective prior	主观先验
traces	迹
t-test	t 检验
Wishart distribution	威沙特分布